乡村振兴实用技术培训教材

养驴与驴病防治

马　扬　马占军　主编

中国农业大学出版社
·北京·

内 容 简 介

本书为新疆农业职业技术学院“中国特色高水平高职学校和专业建设计划”的乡村振兴实用技术培训教材。通过对养驴行业职业岗位分析，确定了 6 个项目共 15 个任务，针对农牧民从事养驴生产所面临的实际问题，按照生产岗位逻辑顺序和工序衔接进行编写。本书首先引导从业者分析养驴生产经济效益，使初学者树立产业经营意识，进行驴产业从业风险分析，按照养驴生产从业者的具体生产流程：购驴选种、建场修圈、饲料调制、日常饲养、扩群繁殖、驴病防治等，分别设置工作项目，并结合实际生产问题设置学习任务，指导从业者将工作与学习相结合，提升从业者工作能力，解决从业者在养驴生产中遇到的实际问题，促进农牧民在从事养驴产业生产中增收致富，提升经营效益，适度发展养驴产业规模，实现现代养殖生产提质增效。

图书在版编目(CIP)数据

养驴与驴病防治 / 马扬，马占军主编 . --北京：中国农业大学出版社，2023. 10
ISBN 978-7-5655-3084-5

Ⅰ. ①养… Ⅱ. ①马… ②马… Ⅲ. ①驴—饲养管理 ②驴—动物疾病—防治 Ⅳ. ①S822 ②S858. 22

中国国家版本馆 CIP 数据核字(2023)第 192665 号

书　　名　养驴与驴病防治

作　　者　马　扬　马占军　主编

策划编辑	康昊婷	**责任编辑**	康昊婷
封面设计	李尘工作室		
出版发行	中国农业大学出版社		
社　　址	北京市海淀区圆明园西路 2 号	**邮政编码**	100193
电　　话	发行部 010-62733489，1190	读者服务部 010-62732336	
	编辑部 010-62732617，2618	出　版　部 010-62733440	
网　　址	http://www. caupress. cn	**E-mail**	cbsszs@cau. edu. cn
经　　销	新华书店		
印　　刷	运河(唐山)印务有限公司		
版　　次	2023 年 10 月第 1 版　　2023 年 10 月第 1 次印刷		
规　　格	170 mm×240 mm　　16 开本　　11 印张　　203 千字		
定　　价	39. 00 元		

图书如有质量问题本社发行部负责调换

编 委 会

主 编 马 扬 新疆农业职业技术学院

马占军 吉木萨尔县吉木萨尔镇农业(畜牧业)发展服务中心

副主编 李 毅 新疆农业职业技术学院

赵永旭 新疆农业职业技术学院

参 编 裴春晖 新疆农业职业技术学院

马树勇 新疆野马集团有限公司

朱义忠 昌吉良源农牧业发展有限公司

买合布别木 新疆农业职业技术学院

前　言

我国养驴业历史悠久，驴曾经是重要的农业生产和运输工具。随着我国农业机械化水平的提高，驴役用地位降低，我国驴存栏量快速下降，出现了驴资源危机现象。2018 年底世界驴存栏量 4 412.56 万头，我国驴存栏量 253.28 万头，占世界驴存栏量的 5.74%，2009—2018 年的 10 年间我国驴存栏量下降 53.12%。但是，社会经济的发展和科技进步，又使驴产业呈现新的发展趋势，驴的功能与作用由役用为主向肉用、药用、乳用、保健及生物制品生产等多用途的驴产品综合开发转变，驴产业已逐渐发展成新兴特色产业。

党的二十大报告指出，增进民生福祉，提高人民生活品质。随着阿胶、驴肉和驴奶等产品逐渐得到消费者的关注和认可，这些产品的营养价值与现阶段居民的自我保健意识相适应。以驴皮为主要原料的阿胶是我国重要的中医药药材，一直被认为是“滋补国宝”，具有美容和补气血的作用，是我国生产并受到国内外消费者认可的产品；驴肉是“三高三低”的健康食品，近几年驴肉价格居高不下，也显示了市场中消费者对驴肉食品的需求增长；驴奶成分最接近人乳，具有清肺功效，可辅助多种疾病治疗。

此外，驴养殖业主要集中在偏远且相对落后地区，这些地区既具有饲养传统，又具有驴饲养的资源优势。近年来养驴经济效益的提高，改善了当地驴生产从业者的生活条件，驴养殖业成为当地最具发展潜力的特色产业之一，成为当地农民增收的关键项目，对乡村振兴具有重要的产业经济意义。

本书编写的目的是为适应广大农村地区驴产业发展现状，提高广大养殖户的生产专业知识，提升他们的养驴生产管理技术。主要内容包括绪论、驴的品种识别与外貌鉴定、驴场选址布局与建筑设计、驴的饲料调制、驴的饲养管理、驴的繁殖、常见驴病防治。

本书编写过程中,参考了相关养驴行业的专家和学者的文献资料,但限于篇幅,未在参考文献中全部列出,在此致以诚挚的感谢。由于编者的水平所限,书中难免有缺点和错误,敬请广大读者给予批评指正。

编　者

2023 年 2 月

目　录

绪 论

养驴生产可以充分利用各种野生饲草和种植业副产品等饲料资源，近年来，以种粮为主的农区充分利用农副产品和农作物秸秆资源，实行种、养、加一条龙的养驴生产模式，加快了养驴业发展步伐，取得了较好的经济效益。养驴业已成为农、牧区群众致富的新选择。

一头驴一年可以生产混合肥料 7～9 t。驴粪尿是家畜粪便中的肥分(氮、磷和钾等)含量较高的优质有机肥料，同时含有脂肪、总腐殖质、富里酸、胡敏酸、半纤维素及化肥中所没有的其他有机成分，对于改良土壤结构、培育土壤肥力、调节土壤水分和酸碱度、促进根系发育和保温具有重要作用。养驴业和种植业有机结合，可实现“秸秆养驴、过腹还田”，减少环境污染，提高资源利用效率，培育土壤肥力，实现农区庭院种养循环经营模式。

由于驴的适应力强，所以驴场等固定资产建设资金投入规模相对较小。驴的抗病力强，耐粗放管理，发病少，民间有“铜骡铁驴纸糊的马”的俗语，养驴防病的药物成本投入也较小。驴食量小(每头驴日粮量:1～1.5 kg 精饲料，3～5 kg 粗饲料)、生长快(一年不成驴，到老是个驹)、饲养成本低、投入高产出等特点，使养驴生产可获得较高的养殖效益。

一、驴饲养存栏状况

我国驴的存栏量从 1993 年开始下降，2016—2019 年连续 4 年稳定在 260 万头左右，2019 年我国驴存栏量 260.1 万头。驴的用途正在由役用为主向肉用、药用、乳用等多用途转变。驴肉进口量逐年增加，根据中国海关数据显示，2019 年 1—12 月中国鲜、冷、冻的马、驴、骡肉进口数量为 28 258.4 t，其中驴肉的数量最大。2020 年起进口数量减少，2020 年 1—11 月马、驴、骡肉进口数量为 18 303 t。活驴仅在 1—2 月份进口 1 000 头，后暂停进口，进口驴均重 113.58 kg，累计进口额 121 480 美元，平均到岸价格 121.48 美元/头。

根据中国驴联网监测数据显示，2020 年我国驴屠宰量为 33 万头，较 2019 年增加 3 万头，约增加 10%。生产优质鲜驴肉不到 4 万 t，仅能提供市场需求量的 1/3 左右，远远不能满足蓬勃增长的驴肉消费需求。

与 2018 年相比，除新疆、云南外，各省区存栏均有不同程度下降。内蒙古、辽宁、新疆、甘肃存栏数占全国总存栏数的 68.4%，排名前 11 个省份占比达 94%。上海、浙江、江西、福建、广东、广西、海南在《中国统计年鉴 2020 年》中为“0”，北京、天津、重庆、江苏、安徽接近“0”，但这些区域驴产品消费潜力巨大，给驴产业发展提供了消费市场支撑。

二、养驴生产技术经济分析

（一）投资概算

投资概算反映了项目的可行性，有利于资金的筹措和准备。

1. 投资概算的范围

投资概算可分为三部分，即固定投资、流动投资、不可预见费用。

（1）固定投资　包括建筑工程的费用（设计费用、建筑费用、改造费用等）、购置设备发生的费用（设备费、运输费、安装费等）。在驴场占地面积，驴舍和附属建筑种类及面积，驴的饲养管理和环境调控设备及饲料，运输、供水、供暖和粪污处理利用设备的选型配套确定之后，可根据当地的土地、土建、设备价格，粗略估算固定资产投资额。

（2）流动投资　包括饲料、药品、水电、燃料和人工等各种费用，要求按生产周期计算保障流动资金（产品产出前）。根据驴场规模、生产用驴购置、人员组成和工资定额、饲料和能源价格，粗略估算出流动资金额。

（3）不可预见费用　首先考虑建筑材料、生产原料的涨价，其次考虑其他损失。

2. 计算方法

驴场总投资＝固定资产投资＋产出产品前所需要的流动资金＋不可预见费用。

(二)效益预测

按照调查和估算的土建、设备投资及引种费、饲料费、医药费、工资、管理费、其他生产开支、税金和固定资产折旧费,可估算出生产成本,并按本场产品销售量和售价,进行预期效益核算。一般常用静态分析法,就是用静态指标进行计算分析,主要指标公式为:

投资利润率=年利润/投资总额×100%

投资回收期=投资总额/平均年收入

投资收益率=(收入-经营费用-税金)/总投资×100%

(三)养驴经济效益分析

以建设一个 200 头基础母驴场为例,进行投资分析。

1. 投资估算

(1)固定资产投资　包括驴场建筑投资和设备购置费。

①驴场建筑投资=1 400 m^2×400 元/m^2=56 万元。

②设备购置费包括驴栏、风机,以及采暖、光照、饲料加工等设备,共计 3 万元。

(2)土地租赁费=5.3 hm^2×15 000 元/(hm^2·年)≈8 万元/年。

(3)种驴费用。(200 头母驴×4 000 元/头)+(5 头公驴×6 000 元/头)=83 万元。

固定资产总投资=56 万元+3 万元+8 万元+83 万元=150 万元。

2. 效益预测

(1)总收入　按驴购入后第三年开始出售肉驴,计算方法如下:

①出售肉驴的收入为 200 头×0.8 万元/头=160 万元。

②出售驴驹的收入为 200 头×0.4 万元/头=80 万元。

另外,出售驴粪收入与水电费和杂费相抵,总收入为 240 万元。

(2)总成本　按 3 年总成本计算:

①设备折旧费:驴舍和设备利用 15 年,3 年折旧费约为 12 万元。

②土地租赁费:3 年土地租赁费为 24 万元。

③3 年的生产种畜摊销费为 83 万元÷15×3≈16.6 万元。

④3 年饲料费用:种驴饲料费为 205 头×1 100 天(3 年)×2.5 元/(天·头)≈

56 万元，肉驴在 1 岁 7 月龄（合 570 天）时卖出。其中，前 6 个月（180 天）以哺乳为主，饲料费为 200 头×（570－180）天×2 元/（天·头）≈16 万元。合计 72 万元。

⑤人工费：4 人×4 万元/（人·年）×3 年＝48 万元。

另外，电费等与副产品销售收益相抵消，总成本合计为 172.6 万元。

（3）年均收益　年均收益＝（总收入－总成本）÷3＝（240 万元－172.6 万元）÷3≈22.47 万元。

（4）资金回收年限　资金回收年限＝固定资产总投资÷年收益＝150 万元÷22.47 万元/年≈6.68 年。

（5）投资利润率　投资利润率＝年均收益/投资总额×100%＝22.47 万元÷150 万元×100%＝14.98%。

项目一

驴的品种识别与外貌鉴定

任务一　驴的品种识别

【预备知识】

一、头颈

总的要求为头形方正、大小适中、干燥。额宽、眼大有神，耳竖立，鼻孔大，口方，齿齐，颚凹宽净，颈长而宽厚，韧带坚实有力，方向适当、高举，与头、肩结合良好。

1. 头部

以头骨为骨骼基础，头是驴体重要部位，是五官和大脑中枢神经所在部位，能协调有机体的各个系统，头连同颈是一个杠杆，头作为重点可以随时调整重心与支点的关系，使驴体重心发生变化，并对四肢肌张力分配发生反射性调节，保持力量的平衡，另外，头的结构与驴的气质也密切相关，直接关系到驴的种用价值。鉴定驴头应注意头的大小、方向、形状，以及与颈的结合，并检查头部各个部位。

(1)头部　要求种驴头稍短，棱角明显，面部清秀，隐约可见血管，两眼和两耳外侧四点连线部分为大脑所在之处，额须宽广平满。

(2)耳朵　驴耳长而灵活，耳根硬而有力，耳郭薄，血管明露。如果驴垂耳、耳根软、耳毛浓密，一般体质不良，不宜作为种用。驴耳活动过于频繁，则为视力不佳或胆小的表现；驴耳转动不灵活者，常为聋驴。

(3)眼睛　“眼大则心大，心大则不惊”。要求驴眼大而有神，眼球饱满，大而有光者为好，角膜和结膜的色泽都要求正常，表情温和、眼距宽，大小对称。眼盂充实丰满为体壮的驴，凹陷者多为体弱的驴。

(4)鼻部　鼻孔是呼吸的门户，故“鼻欲得广而方”，鼻孔大则肺活量大，以鼻梁平直，鼻孔大，鼻孔开张，鼻翼灵活，鼻黏膜粉红色为好，表明呼吸系统发达而健康。

(5)口腔　要求齿齐口方。口腔黏膜粉红色，无异臭，牙齿排列整齐，口腔无异常牙齿，口唇软薄，上、下紧闭。公驴口裂部位比母驴的要大，这样公驴鸣声长，采食好。

(6)腭凹和咽　下颌骨与颈交界凹陷外部称为腭凹(内为咽)，俗称“槽口”，为食道和气管入口。大中型驴腭凹宽度 6 cm 以上为宽，要求腭凹干净，宽广而深，有利于头部的自由活动，如果腭凹狭窄则易得喘鸣症。

(7)项　以枕骨嵴和第一颈椎为基础，项长宽则耳下宽，头颈结合好，头颈曲挠自由有力，同时多伴有宽腭凹。

2. 颈部

驴颈短而薄，水平颈多，颈肩结合往往不良。种驴选择时应选择颈部长、肌肉丰满、头颈高昂(正颈)、颈肩结合良好的个体。以 7 块颈椎骨为基础，外部连以肌肉和韧带。颈长应与躯干长和体高相适应，一般颈长等于头长，占体高40%左右。颈与地面呈 45°，颈上、下缘肌肉力量相等，并易使肩胛骨和上膊骨提举，头中轴与颈中轴成直角相交，驴的视界适宜，能保证自由呼吸。

颈与肩部，即体躯部结合的部位称为颈础，头部高昂，前胸广阔，肩斜长，颈的下缘在肩端以上，距离较远，称之为高颈础，为理想颈础。

二、躯干

总的要求为前胸宽，胸廓深广。鬐甲宽厚，肩长而斜，背腰宽直，肋骨圆拱，腹部充实。尻部长宽而平，肌肉丰满，不过斜。中躯长是驴躯干部的重要特点。

躯干包括鬐甲、背、腰、胸、腹、尻、股等部分，驴的内部器官虽然不能看到，但从外部观察，可以推断其内部发育和健康状况，驴的躯干占其躯体大部，其结构是否优良，关系到驴的役用性能。

躯干分三部分，前躯为从肩端至肩胛后缘切线段，占体躯20%～25%；中躯为肩胛后缘至髋结节段，占体躯45%～50%；髋结节至臀端段为后躯，约占体躯30%。

1. 鬐甲部

位于颈后背前的突起处，以第2～12胸椎棘突以及韧带、背肌和肩胛软骨的小部分为基础。它是胸廓肌肉杠杆的集中点，也是前肢、头部、颈部项韧带和肌肉的固着点和支点，起着杠杆的支点作用，对维持头颈正常姿势、躯干和前肢的运动都有关系，它的优劣与生产性能密切相关，要选择鬐甲发育明显的个体。

2. 背腰部

背部由第10～12胸椎至第18胸椎（最后肋骨处）及肋骨上部为基础，外观范围为鬐甲后至腰部前，故背的范围可达胸侧上部，驴背短广、平直，肌肉发达，这样胸椎支持力强，并伴有宽大的胸廓。要求腰短、宽、直。

3. 尻部

以髋骨、坐骨、荐骨及第一到第二尾椎为骨骼基础，即两腰角和两臀端（骨骼基础为坐骨结节）的四点连线的上部，强大的荐尾椎为骨骼基础。它和驱动驴体前进的后肢以关节相连，其构造好坏直接影响驴的役用性能。尻部肌肉发育丰满，尻宽大，尻向趋于正尻的都属于良好品相，这样的驴结实有力，产肉多，应注意选留。

4. 胸部

即胸廓，上壁是胸椎，侧面是肋骨，下面是胸骨和剑状软骨，后面是横膈膜为基础，胸部为心脏所在部位，其发育程度、容积大小与驴的生产能力密切相关。

驴的胸廓宜宽深，肋骨拱圆。肉用驴要求胸廓深、长，而宽度充分。胸廓宽度由肋骨的弯曲度决定。肋骨弯曲度大，胸宽也大。从驴的正前方观察，如驴的前肢是正肢势时，驴直立，前望，两前蹄间距离大于一个蹄的宽度者为宽胸，胸宽是良好品相，是肉用驴选育的关键指标。

5. 腹部

腹部范围在剑状软骨后方，假肋下后方，肷的下方，股与生殖器的前方。要求前段线应与胸下线呈水平线，而后逐渐移向后上方，呈缓弧线到达生殖器，腹侧紧凑充实，与假肋无截然分界线者为良腹。驴腹部一般充实而不下垂，为发育良好。腹形与饲养管理、调教锻炼、年龄、疾病等均有着不同程度的关系。

6. 肷部

位于腰两侧，在最后一根肋骨之后和腰角之前，又称腰窝，它的大小取决于腰的长短，腰短者肷小，腰长者肷大。肷部的大小评价以肷凹部容不下一拳为宜。

7. 生殖器

种公驴要特别注意睾丸发育情况，睾丸要大小适当，有弹性，能滑动于阴囊内，无痛感，而且左右对称，大致相等。公驴阴囊及阴筒皮肤要柔软，有伸缩力。

母驴应检查外阴和乳房。未经分娩的母驴的阴门应紧闭，但阴门不宜过小；而多次分娩的母驴阴门较松弛，但不应封闭不严。母驴的乳房要发育正常，碗状为优，乳头大而均匀，长短适中，触摸乳房无结节，乳静脉应弯曲粗大且明显。

8. 尾

驴有12～18个尾椎是尾的基础。尾与躯体附着的部位称为尾础。驴的尾础低，如驴尾附着倾向于一侧，这可能是由于两侧尾举肌发育不平衡的结果，会降低驴的品相，属于不良体躯结构。驴尾的功能主要是用于驱赶蚊蝇的骚扰，保护后躯。挑选种驴时可提举驴尾，尾巴在提举时的抵抗力称为尾力，尾力大表明驴的机体健康、活力强。

三、四肢

选择种驴时总的要求为四肢结实，关节干燥，肌腱发达，肢势正确。不要靠膝（X状）或交突，飞节的角度适中，系部的长短及斜度合适。

1. 前肢

前肢由肩胛部、上膊部、前膊部、前膝、前管、前球节、前系和前蹄组成。其功能主要是支撑大部分驴体，缓解地面反冲力，同时它又是运动的前导部位，故要求前肢骨骼及关节发育良好，干燥结实，肌肉发达，肢势正确。一般驴前肢骨骼发育正常，弯膝、凹膝、内弧、外弧等失格少见。挑选评价时应注意有无骨瘤和屈腱肥厚。

2. 后肢

由股部、后膝、胫部、飞节、后管、后球节、后系等组成。前肢以韧带、肌肉与躯体相连，而后肢则以髋关节与躯干相连接，故可前后活动。前肢对驴躯体起支撑作用，而后肢则具有推动作用。驴后肢各部一般发育较好，鉴定时应着重检查有无常见的飞节发育不良，如飞节表现软肿、内肿、外肿等。驴的盆腔发育狭窄，特别是耻骨狭窄。种驴应选留后肢结构良好，表现正肢势的优秀个体。

四、蹄

总的要求为驴蹄质坚实而致密，坚韧耐磨，表面光滑有光泽，无裂缝。驴蹄较小，蹄踵较高，多为高蹄。驴驻立时，体重的压力由蹄叉传导于蹄角壁，在蹄踵部压力被分散，起到弹簧作用。驴的蹄与系部有各种不同的形态，运动时因蹄踵部的交替扩张与收缩，促进了蹄的血液循环，蹄的结构直接影响驴的役用性能。

蹄的大小应与体躯相称，生长良好的蹄鉴定时可见蹄冠缘呈稍隆起的横带状，无任何损征，蹄壁表面光滑无弯曲，内外两侧同高，蹄轮平行而无裂痕，蹄质坚牢而富有弹力；侧望时，蹄尖壁、蹄侧壁和蹄踵壁与系部成同一方向；前望时，内外两蹄侧部相对于水平呈同一倾斜度。从蹄底检查时可见，驴的蹄叉发达，端正向前，蹄底适度地向里面凹进，白线明确，蹄球呈圆隆状，其大小相同。蹄软骨具有适度弹力，绝不可有硬化现象，用手触压时，蹄内无知觉过敏反应。蹄角质每月生长可达 1 cm，当运动不足或护蹄不良时往往形成不良蹄形。

【技术操作】

对驴的外貌的一般要求为全身结构要求紧凑匀称，各部位互相结合良好，体躯宽深，体质干燥结实，肌肉、筋腱、关节轮廓明显，骨质致密，皮肤有弹性。行走轻快、踏地确实。公驴鸣声大而长。一般将驴体分为头颈、躯干和四肢三大部分，每个部分又分为若干小的部位，各部位均以相关的骨骼作为支撑基础。驴体各部位名称见图 1-1。

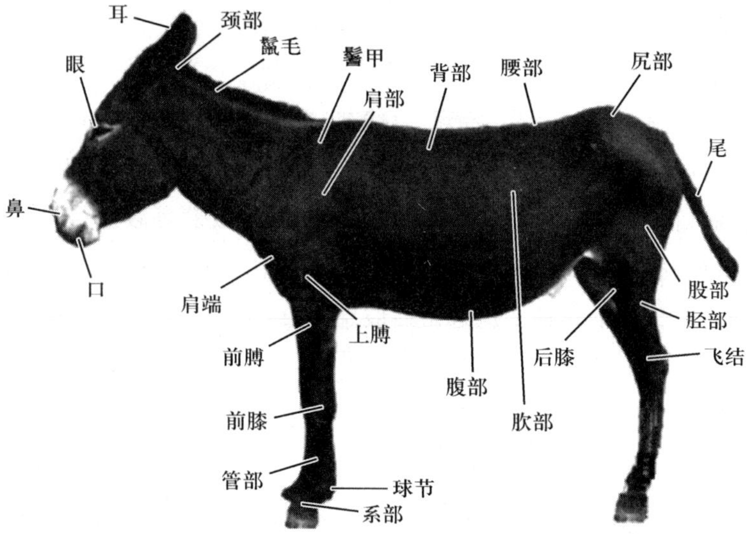

图 1-1　驴体躯各部位名称

一、佳米驴

1. 产地分布

佳米驴主要分布在陕西省米脂、佳县和绥德三县，属役用兼肉用型驴种。佳米驴体型中等、行动灵活、耐粗饲。对干旱和寒冷气候的适应性强，抗病力强，消化器官疾病极少。该驴体型外貌见图 1-2。

图 1-2　佳米驴

2. 体型外貌

佳米驴体型中等，略呈方形，体质结实，结构匀称，眼大有神，耳薄而立；颈肩结合良好，背腰平直，四肢端正，关节强大，肌腱明显，蹄质坚实。公驴颈粗壮，胸部宽，富有悍威；母驴腹部稍大，后躯发育良好。毛为粉黑色，因白色部分大小不同，当地又分为两个品种：一种是黑燕皮，全身被毛颜色似燕子的黑色，仅嘴头、鼻孔、眼周及腹部为白色；另一种是黑四眉，除具有黑燕皮特征外，腹下的白色面积较大，甚至扩展到四肢内侧、胸前、额下及耳根处。佳米驴骨骼粗壮结实，佳米驴的平均体尺见表 1-1。

表 1-1　佳米驴的平均体尺表

性别	体高/cm	体长/cm	胸围/cm	管围/cm	体重/kg
公	125.8	127.2	136.0	16.6	217.9
母	120.9	122.7	134.6	14.6	205.8

3. 生产性能

佳米驴属于中型驴，4 岁成年。初生公驴体高达成年驴的 64.1%，1 岁时体高达成年驴的 89.9%，3 岁时体高可达成年驴的 97.7%。佳米驴 1 岁以内的生长发育最为迅速，佳米驴为挽、驮兼肉用的中型驴种。未经育肥的驴，屠宰率 49.2%，净肉率 35%。

佳米驴性成熟早、受胎率高、繁殖能力强、遗传性能稳定，一般 2～3 岁开始配种，每年 5—7 月为配种旺季，母驴多为 3 年产 2 胎，一生可产驹 10 头。公驴每次平均射精量为 78.7 mL，精子密度为 2 亿～3 亿个/mL，活力为 0.8～0.9。

二、泌阳驴

1. 产地分布

泌阳驴主要分布于河南省西南部的泌阳、唐河、社旗、方城、舞阳等县，以泌阳县为中心产区。该驴体型外貌见图 1-3。

2. 体型外貌

泌阳驴属中型驴，呈方形或高方形，体质结实，结构紧凑，外形美观；头方正、清秀，耳内多有一簇白毛；颈长适中，头颈结合良好；背长且平直，多呈双脊背，腰短而坚实，尻高宽而斜；四肢端正，肌腱明显，蹄小而圆、质坚；全身黑色，

图 1-3　泌阳驴

眼圈、嘴头和腹下三部呈粉白色，故又称“三白驴”。泌阳驴的平均体尺见表 1-2。

表 1-2　泌阳驴的平均体尺表

性别	体高/cm	体长/cm	胸围/cm	管围/cm	体重/kg
公	119.5	118.5	129.0	15.01	201.5
母	119.1	119.5	129.6	14.50	201.3

3. 生产性能

公驴最大挽力平均为 205 kg，母驴为 185.1 kg。泌阳驴 1～1.5 岁表现性成熟，2.5～3 岁开始初配，发情季节多集中在 3—6 月，繁殖年龄可达 15～18 岁。经对 5～6 岁营养中等的泌阳驴的屠宰测定，屠宰率平均为 48.3%，净肉率平均为 34.9%。

三、庆阳驴

1. 产地分布

庆阳驴主要分布于甘肃省的庆阳、宁县、正宁、镇原、合水等县，以及平凉地区，此地区土壤肥沃，气候温和，素有“陇东粮仓”之称。该地区农作物以小麦为主，其次为玉米、高粱、糜子、谷和马铃薯等。此外，还种植苜蓿等牧草，约占当地耕地面积的 6.8%，平均每头大牲畜有苜蓿地 1 200 m² 以上，加上农副产品的利用，故饲料条件较好。该驴体型外貌见图 1-4。

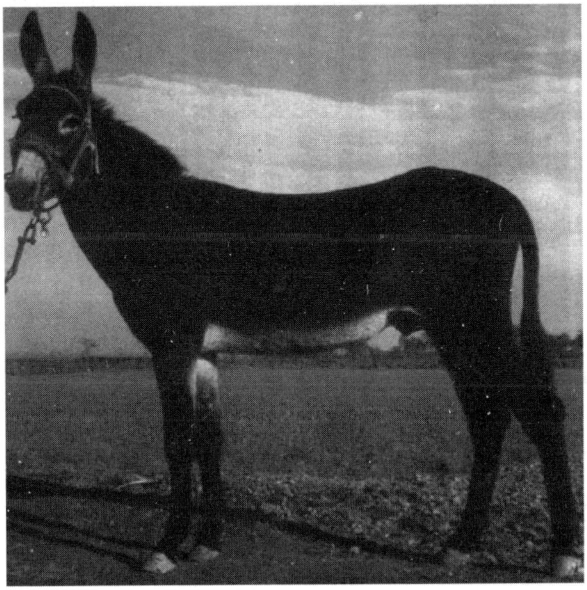

图 1-4　庆阳驴

2. 体型外貌

庆阳驴属中型驴，体格粗壮结实，体形接近于正方形，结构匀称；头部大小适中，个别驴头稍大，眼大，耳不过长；颈肌厚，胸发育良好，肋骨较拱圆，背腰平直，腹部充实，尻稍斜而不尖，肌肉发育较好；四肢肢势端正，骨量中等，关节大而清楚，肌腱明显，蹄大小适中；毛色以黑色居多，黑毛驴嘴的周围、眼圈和腹下，包括四肢上部内侧，多呈灰白色或浅灰色，另外还有青毛和灰毛两种，数量都不多。庆阳驴的平均体尺见表 1-3。

表 1-3　庆阳驴的平均体尺表

性别	体高/cm	体长/cm	胸围/cm	体重/kg
公	135	137	146	257.5
母	127	128	140	230.5

3. 生产性能

公驴初生体重平均为 27.49 kg，母驴平均为 26.72 kg。成年驴屠宰率可达

50%以上，净肉率为35.7%。6月龄公驴就有性行为，1.5岁达到性成熟，其适配年龄为2.5～3岁。种公驴营养良好，配种、使役合理，一般可利用到18～20岁，每头种公驴繁殖季节本交受配40～60头母驴，人工授精可配100头母驴。母驴发育较好者，12月龄就开始发情，24月龄就可产驹，但由于母驴未达到体成熟，所产胎儿体弱多病，同时也对母体发育有较大影响。大多数母驴适配年龄为2～2.5岁，妊娠期为12个月。正常能繁母驴1年产1胎的概率为32%，3年产2胎的概率为68%，全为单胎。在饲养条件较好的情况下每头母驴终生可产驹12～13头，一般情况下可产驹7～9头。正常情况下"惊蛰至白露"是驴发情配种的季节。

四、关中驴

1. 产地分布

关中驴主要分布于陕西省关中平原，以乾县、礼泉、武功、蒲城和兴平等县为主，是我国大型驴的优良品种之一。该驴体型外貌见图1-5。

图1-5 关中驴

2. 体型外貌

关中驴体型高大，略呈长方形；头颈高扬，眼大而有神，前胸宽广，肋弓开张良好，尻短斜，体态优美；四肢端正，关节干燥，蹄质坚实，而背凹和尻短斜为其缺点；被毛短细，富有光泽，多为粉黑色，其次为栗色、青色和灰色，以栗色和粉黑色且黑（栗）白界线分明者为上选，特别是鬣毛及尾毛为浅白色的栗毛公驴更受欢迎，用它能配出红骡。关中驴的平均体尺见表1-4。

表1-4　关中驴的平均体尺表

性别	体高/cm	体长/cm	胸围/cm	管围/cm	体重/kg
公	133.2	135.4	145.0	17.0	263.0
母	130.0	130.3	143.2	16.5	247.5

3. 生产性能

正常饲养情况下，驴驹生长发育迅速，1.5岁能达到成年驴体高的93.4%，并表现性成熟，3岁时各项体尺均达到成年驴体尺的98%以上，公母驴此时均可开始配种。公驴4～12岁配种能力最强，母驴3～10岁时繁殖力最高。母驴终生产驹5～8头。公驴到18岁，母驴到15岁仍可配种繁殖，驴配驴受胎率为80%以上，公驴配母马受胎率为70%左右。

关中驴长久以来是小型驴改良的重要父本驴种，对庆阳驴种的形成起重大作用。关中驴适宜于挽、驮等多种用途，退役关中驴屠宰率为39.32%～40.38%。

五、德州驴

1. 产地分布

德州驴原产于山东省无棣县，又称“无棣驴”。以庆云县为中心，宁津、乐陵、无棣、惠民等县也有饲养，后经山东丰收牧业杂交改良，实现大量繁育。2007年，德州驴被列入地方品种保护名录，是我国的大型驴种和优秀的地方品种。其从外貌上可分为三粉驴和乌头驴两大类型。德州驴有很强的适应能力，耐粗饲、抗病力强等，深受各地农民的喜爱。该驴体型外貌见图1-6。

2. 体型外貌

德州驴体型高大，结构匀称，外形美观，整体方正，头颈躯干结合良好；毛色分三粉（鼻周围粉白、眼周围粉白、腹下粉白，其余毛为黑色）和乌头（全身毛为黑色）两种。公驴前躯宽大，头颈高扬，眼大嘴齐，有悍威，背腰平直，尻稍斜，肋拱圆，四肢有力，关节明显，蹄圆而质坚。德州驴的平均体尺见表1-5。

图 1-6　德州驴

表 1-5　德州驴的平均体尺表

性别	体高/cm	体长/cm	胸围/cm	管围/cm	体重/kg
公	142	143.6	152.8	18.7	266
母	140	137.0	160.0	16.4	245

3. 生产性能

德州驴生长发育迅速，12～15 月龄性成熟，2.5 岁开始配种。驴驹生长速度快，幼年公母驴 1 岁时体高和体长可分别达到成年驴的 90%和 85%，2 岁时可分别达成年驴的 100%和 95.7%。母驴一般发情很有规律，终生可产驹 10 头左右，25 岁母驴仍有产驹的；公驴性欲旺盛，在一般情况下，每次射精量为 70 mL，有时可达 180 mL，精液品质好。

肉驴饲养屠宰率可达 54%且出肉率较高，每 100 g 驴肉含蛋白质 18.6 g、脂肪 0.7 g、钙 10 mg、磷 144 mg、铁 136 mg、热量 3.347 MJ。最大挽力占体重的 75%，为小型毛驴改良的优良父本品种。

六、广灵驴

1. 产地分布

广灵驴原产于山西省东北部的广灵、灵丘两县，分布于广灵、灵丘及其周围各县的边缘地带。该地区历来重视畜牧业发展，农民养驴农耕，是我国塞外商品驴的繁殖基地。由于当地盛产谷子、豆类，又种植紫花苜蓿，农民以谷草、黑豆和苜蓿草精心喂养，注意选种选配，结合役使和放牧，形成广灵驴体型高大、体躯结实的品种特征。该驴体型外貌见图1-7。

图1-7　广灵驴

2. 体型外貌

广灵驴体型高大，骨骼粗壮，体质结实，结构匀称，耐寒性强。驴头较大，鼻梁直，眼大，耳立，颈粗壮，鬐甲宽厚、微隆，四肢粗壮，背部宽广平直，俗称双梁双背，前胸宽广，尻宽而短，尾巴粗长，肌腱明显，关节发育良好，管骨较长，蹄较小而圆，质地坚硬，被毛粗密。被毛黑，但眼圈、嘴头、前胸口和两耳内侧为粉白色，其余为黑色或者青色，当地群众称为"五白一黑"，又称黑画眉。还有全身黑白毛混生并有五白特征的，被称为"青画眉"。这两种毛色均属上等。广灵驴的平均体尺见表1-6。

表1-6　广灵驴的平均体尺表

性别	体高/cm	体长/cm	胸围/cm	管围/cm	体重/kg
公	138.4	138.5	147.2	17.8	305.3
母	134.1	131.6	146.9	15.7	234.0

3. 生产性能

广灵驴作为种畜，同种交配可改良小型驴，异种交配，所生骡子高大体壮。作为役畜，能挽善驮，力大持久。广灵驴的繁殖性能与其他品种近似，多在2—9月发情，3—5月为发情旺季。终生可产驹10头；经屠宰测定，平均屠宰率45.15%，净肉率30.6%。每100 g广灵驴肉中，含蛋白质19.2 g、脂肪9.6 g、钙8.3 mg、磷200.2 mg、铁4.2 mg。广灵驴有易饲养、发病率低、适应性强、寿命长(比其他品种驴多10年左右)的优点，有良好的种用价值。其以耐寒闻名，对寒冷气候的适应性也较好。

七、吐鲁番驴

1. 产地分布

主要分布于新疆吐鲁番市，中心产区在吐鲁番市的艾丁湖恰特卡勒、二堡、三堡等乡镇。吐鲁番市毗邻的托克逊县、鄯善县有少量分布，哈密市也有零星分布。该驴体型外貌见图1-8。

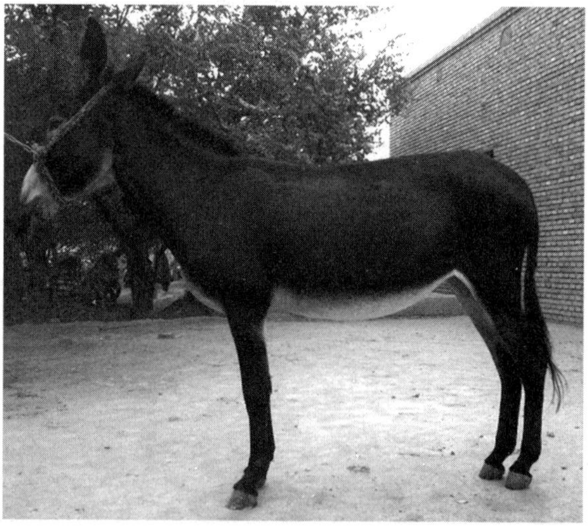

图1-8　吐鲁番驴

2. 体型外貌

吐鲁番驴属大型驴。体格大，体躯发育良好，体质多干燥、结实，性情温驯，有悍威。头大小适中，额宽，眼大明亮，耳较短，鼻孔大。颈长适中，肌肉结实，颈肩结合良好，鬐甲宽厚。胸深且宽，胸廓发达，腹部充实而紧凑，背腰平直，腰稍长，尻宽长中等、稍斜。四肢干燥，关节发育良好，肌腱明显，肢势端正，蹄质坚实，运步轻快。尾毛短稀，末梢部较密而长。毛色主要以粉黑居多，皂角黑色次之。吐鲁番驴平均体尺见表1-7。

表1-7 吐鲁番驴的平均体尺表

性别	体高/cm	体长/cm	胸围/cm	管围/cm	体重/kg
公	141.2	144.4	154.1	17.8	316.7
母	135.1	137.9	153.9	17.1	302.5

3. 生产性能

吐鲁番驴是在吐鲁番市特定的生态环境条件下，经过长期的自然选择和当地农牧民选育形成的大型驴种，具有体格高大、耐干旱和炎热、耐粗放饲养适应性强、抗病力强、挽驮与肉用性能好等特点。2008年对5头成年吐鲁番驴屠宰测定，屠宰率为47.6%～56.1%。因无育种场，缺乏系统选育和有计划横交，基本仍为杂种，作为培育驴种较为勉强，遗传稳定性受到质疑，个体之间差异较大。近年来由于产区机械化程度提高，役用需求下降，吐鲁番驴的数量减少。

【生产经验】

一、驴的习行特点

家驴起源于北非，驴与马相比，至今还保留着热带动物、亚热带动物所共有的特征和特性，驴外形比较单薄，头大耳长，无门鬃，颈细，四肢长，皮较松弛，尾毛稀短，尾根无长毛，一般无肷旋，仅前肢有附蝉，蹄狭小而高，尻斜短多呈屋脊尻。驴韧带发达，负重能力强，声大，音长而有节奏。被毛长短因品种而异，毛长者以小型驴居多。

驴喜生活在干燥温暖的地区，较不耐寒冷，但能耐热、耐饥渴，可数日不食；饮水量小，在冬季耗水率约占体重2.5%，夏季约占体重5%；其抗脱水能力也较强，当脱水达体重20%时食欲下降，当达体重的25%～30%时仍无明显不良表现，一次饮水即可补足所失水分。因驴肾排盐能力差，饮用水中最高含盐量0.75%～1.0%。与马相比，驴的食量比马少25%～30%；对饲料利用广泛，粗纤维消化利用率比马高 30%；耐劳苦，能在干旱炎热的沙漠、荒漠的生态条件下生活和劳役等生理特性。神经类型比较均衡，不易得消化系统疾病。驴惧水，不善涉水，放牧性和群居性不如马。

驴性格温驯，胆小而执拗，鸣声长而洪亮，一般缺少悍威和自卫能力。驴腰短（5 个腰椎）而强固，利于驮用，使役灵活，善走对侧步。与马相比，驴胫长、管短，步幅小，运步快。营养好时，驴的颈脊、前胸、背部、腹部等处可贮积脂肪。

驴性成熟早，1.5～2 岁可性成熟。驴的利用年限长，可役用 16～20 年，母驴终生可产驹 7～10 头，个别 16 岁的驴仍能生产驴驹。体温 37.4 ℃，正常时比马平均低 1 ℃。驴是季节性多次发情动物，发情从 3 月开始，4—6 月为旺盛期，发情期延长至深秋停止。气候适宜和饲养管理良好，母驴可以常年发情。肉驴的胎儿生长发育快，初生体高可达成年驴的 62%以上，初生体重达成年驴体重的 10%～12%。

二、驴的采食特点

在野外或放牧条件下，驴会花费整个白天及部分晚上时间（14～16 h）寻找食物和进食。驴选择食物的要求较高，在自然环境中放牧时，它们往往花费大量的时间来搜寻首选食物，之后才会去吃不太可口的饲料。当驴处于圈养环境时，特别是在良好的饲养条件下有充足且高品质的饲料时，驴的采食量大增。舍饲养驴既要注意提供充足的食物促进其采食，又要避免因肥胖而引起的代谢疾病，如高脂血症和蹄叶炎。

三、驴的消化特点

驴是非反刍草食动物，只能在消化道末端消化食物中的粗纤维。其对粗纤维消化产物的吸收机会比反刍动物少。在有充足时间采食前提下，同样粗饲料，驴每天要摄入相当于自身体重 2%～2.5%的干物质。

驴在饲喂如紫花苜蓿这一类易消化的饲料时，不易观察出与马的消化利用区别，而当饲喂粗饲料如玉米秸秆和大麦秆，则可以观察到驴对粗纤维消化利用率比马高出 30%。

驴对粗纤维消化利用率高的原因尚未全部清楚，但是有两点已被研究肯定，一是消化道末端微生物含量有别；二是单位体积中驴的消化道所占比例较大，对粗饲料消化能力较强。

有误解认为，驴比马"容易饲养"是因为驴对日粮营养浓度摄入的要求低。其实驴和马对能量和蛋白质需求量并没有数量上的差别。

四、驴的消化生理

驴的消化系统包括口腔、食道、胃、肠道。饲料由口腔摄入，依次通过食管进入胃部(占全部消化道容量的约9%)、小肠(占全部容量的约30%)、盲肠(占全部容量的约16%)、结肠(占全部容量的约38%)和直肠(占全部容量的7%)，经24～35 h后到达肛门，以粪便的形式排出体外。消化道各段在驴的消化代谢过程中发挥不同的作用。

驴采食慢，但咀嚼细，这与它有坚硬发达的牙齿和灵活的上下颚有关，适宜咀嚼粗硬的饲料。驴的唾液腺发达，每千克草料可由4倍的唾液泡软消化。

1. 口腔

驴的嘴唇有很高的敏感性和移动性。它能利用嘴唇将草料堆放在便于采食的位置，并且可以分辨选择入口的饲料。

进食中驴用牙齿将草料咬碎，通过多次咀嚼降解食物，同时分泌唾液湿润并初步消化食物。如果饲料富含纤维，唾液腺就会大量分泌唾液。

在消化开始前，驴必须先通过咀嚼进行物理分解食物。驴每消耗1 kg的干草需要咀嚼超过2 000次(有的多达6 000～8 500次的咀嚼)，以确保把饲料分解成约1.6 mm长的片段碎片。这些小碎片比大的颗粒更容易被消化，能够让驴更有效地利用饲料。集中进食的饲喂方式会降低咀嚼次数(1 000～1 500次/kg)，秸秆等质量较差的食物则需要更多的咀嚼次数(2 500次/kg以上)。

2. 食道

驴将食物从口腔经过食道运送到胃。食道肌肉只能单向往下蠕动，加上贲门括约肌瓣膜紧缩，所以食物和水一经入胃，就很难返回口腔，这正是驴不能呕吐的原因。驴胃中食物过多，则会造成胃破裂。

3. 胃

饲料在咀嚼、吞咽后进入胃进行消化。胃壁肌肉收缩进一步磨碎降解食物，并将食物和胃液充分混合。这些胃液富含盐酸，用来协助初始消化的蛋白质。胃食道端中的唾液可以缓冲胃酸，少量的微生物发酵在此处进行。

驴胃的容量相对较小，约相当于牛的胃容积的 1/5，成年驴胃容积为 8～9 L。驴一次采食量不应超过胃容积的 2/3，胃中食物占胃容积的一半时胃工作状态最佳。食物在驴胃内会停留 3 h，通常不超过 4 h，在饲喂后 1～2 h，食糜可以通过胃，但是胃很少情况会完全空虚。如果采食间隔超过 4 h，就意味着驴的胃处于非工作状态。较短的胃中逗留时间决定了驴的饲喂应坚持“少食多次”的原则，即使使役也应每天饲喂 3～4 次。

4. 肠道

驴的肠道功能与马非常相似，没有明显的物理特征来说明其优越的效率。驴的肠道约 24 m 长，最大容量达 160 L。可是，肠内容物的总体积很少超过最大容量的 1/3。

驴有两种不同的消化食物的方式，它们被称为消化和发酵（也被称为“降解”）。消化是动物组织产生的酶分解食物的过程。发酵是由细菌、原生动物和真菌产生的酶分解饲料的过程，然后这些产物被动物当作营养来源。动物体给微生物提供了一个它们喜欢的环境和大量的食物。微生物为动物提供能量丰富的纤维降解最终产物，这就是宿主和微生物的共生关系。

（1）小肠　小肠由十二指肠、空肠、回肠三部分构成。被部分消化的食糜经胃进入小肠，这是饲料消化的主要场所，50%～70%的营养素在这里吸收，由胰液分泌的酶、肠液分泌的酶消化饲料。驴与马一样都无胆囊，胆汁均匀地由肝脏分泌至小肠，促进脂肪的乳化和脂类的消化。脂肪酸、单糖、氨基酸、维生素和矿物质都在小肠吸收。在向大肠移动过程中，食糜残渣水分不多。

（2）大肠　大肠包括盲肠、结肠（大结肠、小结肠）和直肠。盲肠和结肠是食物消化的最终场所。盲肠是袋状的肠管，与结肠相连，结肠连接盲肠和直肠，结肠的容量是盲肠的 2 倍。结肠和盲肠是微生物生长繁殖的适宜场所，当未消化的饲料和未经吸收的营养物质进入大肠时，这些微生物开始对进入其中的食糜进行发酵。

驴肠道中的大部分微生物与反刍动物（黄牛和水牛）存在差异。驴消化道中没有消化饲料中的纤维成分的酶，但是大肠中的微生物可分泌酶并对饲料降解。纤维物质经大肠微生物发酵的最终产物与反刍动物瘤胃作用相似，为挥发性脂肪酸、丙酸盐、丁酸盐等。此外，微生物还可利用大肠中的氨基酸生长繁殖，同时合成驴所需要的B族维生素和维生素K。

随着食糜在结肠中运行，消化和吸收也在继续。大量的水分和电解质被吸收。经由大肠的食物残渣形成粪便进入直肠，通过肛门排到体外，微生物发酵副产品甲烷气体和若干微生物也一并排出。

驴能够适应纤维含量高的饲料（如秸秆），主要是利用大肠（盲肠和结肠）的全部容量，这样饲料就可以在体内滞留的时间更长、消化得更彻底。增加大肠的这种容量会让饲喂秸秆的驴产生“草腹”。

肠道微生物区系与所喂饲料种类相匹配，更换饲料时，肠道微生物需要两周来适应。突然变更饲料，会导致驴发生臌气、腹泻或者蹄叶炎。

【拓展知识】

驴的体型大小与遗传性、生态条件和人类的选育有密切关系。我国的驴按自然分布及生态条件可分为三大类，但饲料条件和选育程度也对驴种产生重大影响。按照驴的体型大小可分为大型驴、中型驴、小型驴3种，大型驴体高130 cm以上，中型驴体高110～130 cm，小型驴体高85～110 cm。驴性情温顺，胆小而执拗，一般缺乏悍威和自卫能力；工作中行动灵活，善走对侧步，骑乘平稳舒适，农谚有“十驴九走”之说。

我国驴的地理分布可反映在各省市的养驴数量上。驴分布的最北部大约在松花江以南，地理界限可达北纬46°50′。如再往北，由于严寒不适于生存，故数量很少。如黑龙江省黑河地区养驴仅642头（1980年），新疆阿勒泰地区有驴0.1万多头（2016年）。

驴在南方的分布以长江为界，但长江以南并非无驴，其南部的地理分布界限达北纬33°50′。再往南由于驴不适应潮湿的生活环境和水稻田耕作的缘故，数量就很少。

驴在我国西部一直延伸到青藏高原海拔4 000～4 500 m处，如海拔4 000～4 300 m的青海省玉树藏族自治州有驴0.11万头（1984年），而海拔4 500 m以上的青海省果洛藏族自治州则无驴，说明驴不适应海拔太高、空气稀薄、气候严寒的地理环境。

我国西南地区，云南省地处高燥，养驴相对较多34.9万头（2016年），而湿热的四川仅7.7万头；贵州省气候湿热，历来少驴，物稀而奇，仅0.1万头。

任务二　驴的外貌鉴定

【预备知识】

一、驴体各部位的评定

驴的外貌特征与内部器官的形态、机能，以及驴躯体的局部和整体的关系都具有密切的相关性，并对其生产用途和环境条件表现出一定的适应性，因此，在生产实践中通过对肉驴的体尺、外貌、体重、年龄、长相、走相、毛色、双亲和后代等方面综合考核、鉴定、选择，就能选择出优质的肉驴品种，实现规模化高效生产。

1. 头和颈

头是驴的重要部位。耳、眼、鼻、嘴和大脑等都集中在头部。驴头大小要适中，应呈方圆形。眼睛要大而明亮，上下眼珠颜色为橘黄色。耳朵大、竖起，灵活。鼻梁高、宽、直，鼻孔大。槽口宽，大嘴岔，齐嘴巴。额要宽、平。凡是耳朵下垂、眼睛无神、眼珠红色或白色、鼻孔小、尖嘴巴、上下耳对不齐、槽口窄的都属于头型不好的驴。

颈部的长短和肌肉发达程度与驴的役用性能有密切关系。大脑袋、细脖子“挂”在肩膀上，都属于不好的结构。

2. 躯干

躯干内有心脏、肺、胃、肠和生殖器官，必须有一定的长度和强度，才能保护脏器。

鬐甲是颈、背和肩的连接点，起头颈部支点的作用，要求鬐甲有一定的高度和长度。驴的背腰(脊背)宽、平直，凡是鲤背、凹背、弓腰、凹腰都是缺点。尻部是驴的推进部位。驴的尻部要长、水平、稍宽，尖尻的不能留用。胸腔的大小与心脏、肺的生长发育有关。胸深、宽、长的驴役用性能强，能持久。前胸窄、鸡胸、肋骨平扁的驴没有长久的役用能力。

腹部大小适中。草腹(草包肚子)影响役使和配种,卷腹(狗肚子)多因营养不良引起,垂腹也影响役使和配种。

公驴的睾丸两侧对称,有时左侧的稍大些。睾丸容易移动。单睾丸或隐睾者不能作为种用。母驴的阴门要大,黏膜粉红色,阴唇紧闭。乳房要大、对称,稍向前方伸展。

3. 四肢和肢势

四肢是支持驴的体重、推动躯体前进的器官。前肢要求大膀头、上粗下细。前臂骨长,掌骨短,肘部肌肉发达,不靠近胸壁。各关节要粗圆。

后肢要求肌肉发达,骨骼强壮,有一定的弯曲度。股部要长,肌肉发达。飞节要大,稍弯曲。前蹄要略呈圆形,倾斜 50°左右。后蹄呈卵圆形,倾斜 55°～60°。低蹄、高蹄、滚蹄都影响役用性能,立系、卧系、熊脚都不能留用。

选驴时,要特别注意其站立时四肢的肢势。正确的肢势是从前侧方和后侧方看,两前蹄或两后蹄之间可以放一个蹄。只有肢势正,蹄形才正。

二、驴的用途与品质判定

肉用驴的选择应突出产肉多、体型大,特别是后躯肌肉要发达。

1. 长相

长相是指驴的外貌,包括驴的外部形态,身体各部分的均匀、结实程度,以及对外界环境刺激的敏感程度。从长相上一般可以了解驴的役用性能、适应性和健康状况等。

选驴时,让它自然站立在平坦的地方,在 3～5 m 处看一下整体状况,对其整体轮廓,长得是否匀称,各部位是否协调、对称,对外界环境的反应是否灵活、敏感等进行综合观察,评定优劣。

品质优良的肉驴应突出产肉多、体型大、后躯肌肉发达的特点,要求体质结实,骨骼发达,皮肤紧凑有弹性,整个躯体呈方形,头大小适中,眼睛大而有神,耳竖立,鼻孔大,槽口宽,口方,牙齐,颈长宽厚,背腰平直,前胸宽深,肋骨拱圆,腹部充实,四肢端正,关节强大,性情活泼。

2. 走相

选驴时,还要注意它的步态,该项判定比长相还要重要。一般肢势和蹄形正确的驴，在运步时前后肢保持在同一平面上，呈正直方向前进，而肢势不正、体型缺陷、患病等原因都可表现出运步不正常。如运步时为内八字、外八字，飞节向外捻转，腿抬得过高，后蹄撞碰前蹄或左右蹄相碰等，都不能发挥其正常能力。应在驴慢步前进时检查，必要时也可在其快跑时检查。要从前、侧、后方观察驴举肢、着地状态，前后肢的关系，步履的大小，运动中头颈的姿势，认真观察驴肩的摆动，腰是否下陷，以及驴的兴奋性和反应等。

【技术操作】

一、体尺和体重评定

准确测定驴体尺，可以弥补眼力观测不足的缺陷，了解驴生长发育、健康和营养状况，从而准确地选择驴个体，进行合理饲养和管理。

1. 驴的体尺测量

测量的用具主要有测杖、卷尺、圆形触测器、角度仪、长尺等。一般测量只需测杖和卷尺。常用的指标和测量的部位包括以下几部分。

(1)体高　从鬐甲顶点到地面的垂直距离。

(2)体长　从肩端到臀端的斜线距离。

(3)胸围　在鬐甲稍后方，用卷尺绕胸 1 周的长度。

(4)管围　用卷尺测左前管部上 1/3 部最细的地方，绕其 1 周的长度，说明骨骼的粗细。

测量应在驴体左侧进行，驴应站立在平地上，四肢肢势端正，同时负重。测量时卷尺应拉紧。一般每个部位测 2 次以上，取其平均数。

2. 体重测量

一般用地秤测量。应在早晨未饲喂之前进行，连续测量 2 天，取其平均数。若不用地秤，可用以下公式估算：

$$体重(kg)=(胸围^2\times体长/10\,800)+15$$

3. 指数计算

以体高为基数，计算其体尺与体重的比例关系，称为体尺指数。常用以下几种计算公式。

(1)体长指数　体长率=体长/体高×100%

(2)胸围指数　胸围率=胸围/体高×100%

(3)管围指数　管围率=管围/体高×100%

(4)体重指数　体重率=体重/体高×100%

二、综合评定法

通过看双亲和后代,鉴定驴个体的生产性能,选择优秀个体进行育肥。

若要挑选肉驴进行育种,提高驴群质量就要进行综合评定。综合评定的项目包括驴个体的血液、外貌、体尺、性能和后裔评定的结果,划分个体的鉴定等级。一般的育肥用驴不用做此项评定。

【生产经验】

一、驴的年龄判定

驴的自然寿命为30年。因为驴的年龄与其使用或种用价值有密切关系,因此在选购时要鉴定其年龄大小。

1. 年龄的外貌判别

驴的老幼可以从外观上大致分辨出来。如驴驹头小、颈短、身短而腿长,额部半圆而突出,鬃短而直立,鬐甲低于尻部。驴在1岁之内,额部、背部、尻部往往生有长毛,毛长可达5~8 cm。

老年驴的嘴唇下垂,多皱纹,眼窝塌陷,皮肤缺乏弹性,背腰软而下弯,动作不灵活,目光呆滞,额及颜面部散生白毛,前膝如飞节角度变小而多呈弯膝。

从外观上仅能判断驴的大致年龄,详细的年龄还要根据牙齿的变化判定。

2. 年龄的牙齿判定

(1)驴牙齿数量　公驴的牙齿分为切齿、臼齿和犬齿3种。公驴有切齿12颗、犬齿4颗、臼齿24颗,共40颗,而母驴没有犬齿,所以共36颗牙齿。

(2)驴牙齿结构　驴的牙齿结构与马基本相同,由最外层颜面发黄的垩质、中间的釉质层和最内层的齿质构成。

釉质在齿的顶端形成了一个漏斗状的凹陷,称为齿坎。齿坎空腔中的垩质，因食物残渣酸败腐蚀，使上部呈黑褐色，称为黑窝。黑窝被磨损消失后，磨损面上的釉质轮称为齿坎痕。齿髓腔中不断形成新的齿质，切齿不断向外生长。由于齿髓腔上端不断被新的齿质填充而呈黄褐色，称为齿星。

在选购驴时，一定要分清黑窝、齿坎痕或齿星。如果把齿星看成是齿坎痕，就会把老年驴判定为青年驴，若当成黑窝判断年龄则是严重失误。

(3)齿龄判定　随着驴年龄的变化，切齿的生长、脱换、磨损发生有规律的变化。可以根据切齿的变化判定驴的年龄。幼龄驴有黑窝、齿坎痕(3～5岁)、老年驴有齿星(7～13岁)。随着驴年龄的变化，切齿的生长、脱换、磨损发生有规律性的变化。

乳牙出现在1岁；乳牙齿坎磨平为1～2岁；乳牙脱落、永久齿长成、开始磨平为3～6岁；齿坎变圆、齿星出现为7～9岁；下切齿坎磨平为10～12岁；下切齿坎消失、齿星位于中央且呈圆形为13～15岁；下切齿嚼面呈现纵椭圆形为16～18岁。根据变化规律，可进行准确选购。

二、驴的体况评分

体况评分可以用来调整驴的日粮，判断驴是否获得了充足的食物，最简单的方法就是观察驴的体况，然后依照肥瘦状态打分(表1-8)。在观察驴自然站立、行走、前后躯时注意观察以下要点，并评定驴的体况得分。

(1)消瘦(1～3分)　肋骨明显可见。

(2)适中(4～6分)　骨肉比例平衡，肋骨隐约可见。

(3)略胖(7～9分)　多肉，肋骨不易看见。

确定驴的大概体况后，近距离仔细观察并且触摸驴体，进一步划分驴的体况。

表1-8　驴的体况评分表

分数	体况	体征
1	L^-	消瘦明显。骨骼结构清晰可见，肉少，虚弱，嗜睡
2	L	消瘦，棘突突出，肋骨、髋结节、坐骨结节和肩胛骨明显可见，部分肌肉发达，颈细，鬐甲、肩部棱角明显
3	L^+	脊柱明显，易触及几乎无脂肪，但棘突肌肉明显可见。肋骨、髋结节、坐骨结节突出；腰和臀部凹陷。鬐甲和肩部肉量极少

续表1-8

分数	体况	体征
4	M^-	脊柱可见，坐骨结节触及但不可见，髋结节呈圆形；臀部平坦，肋骨易触及但不明显；鬐甲和肩部有少量肌肉和脂肪。肩胛不突出
5	M	棘突肌肉发达；脊柱可触及；髋结节、臀部呈圆形凸起；髋结节、坐骨结节不可见；胸部、颈嵴部脂肪可触及，肋骨可触及但不可见
6	M^+	棘突不可触及；背部平坦。臀部凸出肌肉发达；颈部、颈嵴部和胸部肌肉触及；颈粗同肩；坐骨结节不可见，皮毛光亮
7	F^-	皮毛光亮；背部平坦棘突不易触及；坐骨结节不可见；颈部和胸部脂肪延伸至肋骨；腰部充盈、颈粗
8	F	体态圆润，脂肪和肌肉不易辨别；腰部阔；背部宽阔平坦
9	F^+	脂肪充足，骨骼不可见；背部宽阔平坦，有时会出现背部塌陷；颈部有大量脂肪沉积，遍布胸部和肋骨；腰部脂肪充盈

【拓展知识】

驴的毛色

毛色是指分布在驴体表面的短毛（被毛）、鬃毛、鬣毛、尾等体毛的颜色。被毛一年脱换2次，晚秋换成长而密的毛，春末换成短而稀疏的毛。春季换毛延迟的驴多是由于营养不良造成的。

驴初生时的被毛称为胎毛，6月龄左右换毛后才出现原本的毛色。一般毛色终生不变。识别毛色是养驴的基本常识。

驴的毛色比较简单，大部分为栗毛、兔褐毛、黑毛，而花毛、斑毛极为少见。驴的毛色与马不同，大致分为以下几种：

（1）粉色　该毛色的驴全身短毛、长毛都是黑色，只有眼圈、嘴头和胸腔的下部为白色，即粉鼻、粉眼和白肚皮，俗称三粉驴、燕皮驴、黑画眉驴。

（2）黑色　该毛色驴全身被毛和皮肤均为黑色，俗称黑乌头。

（3）青色　该毛色驴全身被毛为黑白毛混生，随年龄增加而白毛增多。

（4）苍色　该毛色驴全身被毛为青灰色，头部和四肢颜色浅或呈白色，小型驴中多见此色。

（5）栗色　该毛色驴全身短毛都为粟子皮色，这种毛色很亮。

(6)银色　该毛色驴全身为浅黄色或浅红色,俗称银红或米色驴。

(7)白色　该毛色驴全身均为白色,皮肤为粉红色,终生不变,这种毛色很少见。

(8)灰色　该毛色是我国小型驴的主要毛色,被毛为鼠灰色,多有被绒、虎斑和鹰膀。

(9)花色　该毛色驴在有色毛的基础上分布有大白斑,小型驴中有少量的个体为这种毛色。

项目二

驴场选址布局与建筑设计

任务一 驴场选址布局

【预备知识】

驴场场址的选择要做周密考虑、整体设计和长远规划，必须与农牧业发展规划、农田基本建设规划及今后住宅修建等规划结合起来，符合兽医卫生和环境卫生的要求，周围无传染源，无人兽共患地方病，适应现代化养驴业的发展趋势。因此在建场前，一定要认真考察，合理规划，根据生产规模及发展远景，全面考虑其布局。

一、外部环境条件

外部环境条件是指驴场与周围社会的关系，如相互间的环境影响、交通运输、电力供应、信息交流、防疫条件等。

1. 地形与地势

驴场的场地应选择地势高燥、背风向阳、空气流通、地下水位低便于排水并具有缓坡的开阔、平坦的地方。低洼、潮湿的地方容易发生驴的腐蹄病，滋生各种微生物，诱发各种疾病，不利于驴的健康。总的坡度应向南倾斜（地面坡度以1°～3°较为理想，坡度过大，建筑施工不便，也会因雨水长年冲刷而使场区坎坷不平），山区或丘陵地区应把驴场建在山坡南面或东南面，有利于背风向阳，但坡度不宜过大，南面应有广阔的运动场。地形要开阔整齐。场地不要过于狭长或边角太多，场地狭长往往影响建筑物合理布局，拉长生产作业线，同时也使场区的卫生防疫和生产联系不便。边角太多会增加场区防护设施的投资。

2. 便于交通，利于防疫

在驴场生产过程中，幼驴、种驴、产品、草料和设备用具等需要运输，因此选择场地时要求交通便利。同时，为避免疫病的传播和发生，要求有较好的防疫条件。为了满足驴场防疫和交通的需要，驴场不能紧邻交通要道，主要圈舍区应距公路、铁路交通干线 300 m 以上，但必须有能通行卡车的道路与公路相连，以便于组织生产。最好选择有天然屏障的地方建圈舍。驴场应选建在居民区下风向地势略低的地方，距离住宅区至少应在 150 m；主要圈舍区应距河流 300 m 以上。

3. 饲草资源

周围及附近要有丰富的饲草资源，特别是麦秸、玉米秸、花生秧、甘薯苗秧、大豆秸等优质的农副秸秆资源。

4. 其他

规模化养驴除一般照明用电外，可能还需要安装一些饲料和饲草加工设备，因而应具备足够的供电能力。若能选建在电力设施已经配套的地方更好；在有偿使用的情况下，对于土地的占用，一定做到能少就少，以减少租赁开支，尽可能占用非耕地资源，充分利用荒坡作为驴场场地；此外驴场建设还要考虑到以后的发展需要。

二、水环境质量要求

1. 饮用水的卫生要求

在选择场址时，只有对水源的水量和水质都高度重视，才能保证驴的健康和生产力的不断提高。在舍饲条件下，应有自来水或井水，注意保护水源，保证供水。做好驴的日常管理，不使其饮用沼泽地和洼地的死水。

饮水的质量直接关系到驴的生长发育和健康。不洁饮水会引起驴的腹泻、营养吸收障碍和其他多种疾病。在目前养殖中，人们对驴的饲养卫生比较重视，但对其饮水卫生状况关注度还不够，造成多种疾病发生而使养驴生产盈利能力下降。

水源最好是不经处理即符合饮用标准。新建水井前，要调查当地是否因水质不良而出现过某些地方病，同时还要做水质化验，以利于人、驴健康。建场选址时驴场用水要求取用方便，处理技术简便易行。同时要保证水源水质经常处于良好状态，不受周围环境条件污染。饮水质量必须符合国家《无公害食品 畜禽饮用水水质》(NY 5027—2008)要求。

2. 水的净化与消毒

水的净化方法主要有沉淀法与过滤法，目的是改善水质的物理性状，除去悬浮物质与部分病原体。消毒的目的是杀虫、灭除水中病原体。

(1)混凝沉淀　常用的混凝剂有铝盐(如明矾、硫酸铝)和铁盐(如硫酸亚铁、三氯化铁)。混凝沉淀的效果与一系列因素有关。浑浊度大、温度高，混凝沉淀的时间就长。硫酸铝的用量为 50～100 mg/L。

(2)过滤　常用的滤料是沙，也可用矿渣、煤渣等，滤料应无毒无害。集中式给水可修各种形式的沙滤池，分散式给水可在河岸修建各种形式的渗水井。

(3)消毒　水经过混凝沉淀和沙滤处理后，细菌含量已大大减少，但没有完全除去，还有存在病原菌的可能。为了确保饮水安全，必须经过消毒处理。常用的消毒方法有两大类，即物理消毒法(如煮沸消毒、紫外线消毒)和化学消毒法。化学消毒法的种类很多，常采用的是氯化消毒法。

①消毒剂选择。常用的氯化消毒剂有漂白粉、漂白粉精和液态氯。集中式给水的消毒，主要用液态氯，经加氯机配成氯的水溶液或直接将氯气加入管道中。小型水厂和一般分散式给水多用漂白粉消毒，漂白粉的杀菌能力取决于其所含的有效氯。新漂白粉一般含有效氯 25%～35%，但在空气中易受二氧化碳、水分、光线和高温等影响发生分解，使有效氯含量不断减少。因此必须将漂白粉装在密封的棕色瓶内，放在低温、干燥、阴暗处，并在使用前检查有效氯含量。如果有效氯含量在 15%以下，则不宜作为饮水消毒用。

②消毒效果影响因素。与消毒剂作用特点以及水的物理性质有关。

一是消毒剂用量和接触时间。加入水中的氯化消毒剂用量通常按有效氯计算。一般情况下，清洁水的加氯量为 1～2 mg/L，接触 30 min 后水中余氯量大于 0.3 mg/L，消毒的效果较好。

二是水的 pH，pH 的高低可影响生成次氯酸的浓度。水中 pH 低时，有效氯主要以次氯酸形式存在；水中 pH 升高，次氯酸可离解成次氯酸根，次氯酸的杀菌效果是次氯酸根的 80～100 倍。

三是水温。水温高，杀菌效果好；水温低，只有增加有效氯含量才会收到应有的杀菌效果。

四是水的浑浊度。浑浊度高的水必须首先进行沉淀过滤处理，再进行氯化消毒才会收到较好的效果。

③消毒方法。不同水源及不同供水方式，消毒方法可以多种多样。分散式给水消毒的方法有两种。

第一种是普通消毒法。在井水中逐日加入漂白粉，一般井水的需氯量为 0.5～1.5 mg/L。比较浑浊的井水，需氯量可达 3～5 mg/L。消毒时，将需要的漂白粉用水配成 0.5%～0.7%溶液，把澄清液倒入水中，用洁净的竹竿在井内搅动，30 min 后从井中取水样测定余氯含量，以 0.3～0.5 mg/L 为宜。如果余氯不足或过多，说明消毒所加漂白粉的量太少或太多，应调整所加漂白粉的量。

第二种是持续消毒法。持续消毒法是将盛有漂白粉的各种开孔容器放在井水内使其漂浮于井水中，借取水时的振荡，氯液不断渗出与井水接触，使井水中经常保持适量的有效氯，可持续使用数天，此法效果良好、使用方便、节省人力。装漂白粉的容器有竹筒、塑料袋、陶瓷罐、小口瓶等。采用持续消毒法应经常检查余氯量及细菌数，根据消毒效果改进持续消毒器。如果发现容器小孔堵塞，应取出疏通。容器内漂白粉使用一定时间后，应重新补充。

【技术操作】

一、驴场分区规划

分区规划就是从人和驴的健康角度出发分区，并合理安排各区位置。

1. 规划原则

(1)节约　应体现建场方针、任务，在满足生产要求的前提下，做到节约用地，少占或不占耕地。

(2)养殖污染控制　在建设一定规模的驴场时，应当全面考虑驴粪的处理和利用。

(3)养殖工艺合理　应因地制宜,合理利用地形地貌,创造最有利的驴场环境、减少投资、提高劳动生产率,做到养殖工艺各环节衔接顺畅,人员机械作业省力高效。

(4)立足长远　应充分考虑今后的养殖规模发展,在规划时留有余地。

2. 分区规划

驴场一般分成管理区、生产辅助区、生产区、病畜隔离与粪污处理区,各区之间应保持一定的卫生间距。

管理区是生产经营管理部门所在地;生产辅助区是驴场的核心,驴舍、饲料加工与贮藏、消毒设施等生产与辅助生产性建筑物集中于此。管理区从事生产经营管理,与外界保持经常性联系,宜靠近公共道路,与生产辅助区保持50～100 m的距离。

生产辅助区和病畜隔离与粪污处理区必须用严密的界墙、界沟封闭,并彼此保持300 m的间隔。种驴区与商品驴区应保持不小于100 m的距离。

病畜隔离与粪污处理区为了防止疫病传播,保障驴群健康。驴的隔离观察、疾病诊断治疗及病死驴的处理等在此区域内进行。

兽医室、病驴隔离室、动物无害化处理等应位于驴舍下风向的地势较低处,并远离驴舍300 m左右,有围墙和独立的通路与外界隔绝。

二、合理布局

驴场布局要兼顾隔离防疫和提高生产效率。

1. 驴舍布局

驴舍应布局在生产辅助区的中心位置,平行整齐排列布置。若不超过4栋,可呈一行排列,需要饲料多的驴舍集中在中央区域。超过4栋的要呈两行排列。两排驴舍端墙之间间隔15 m。这样的布局既可保证最短的运输、供水、输电距离,也可保证有一定的采光,并有利于通风。

前后驴舍距离应考虑防疫、采光与通风的要求。前后两栋驴舍之间的距离应不小于20 m。我国地处北纬20°～50°,太阳高度角冬季小、夏季大,驴舍朝向在全国范围内均以南向(即驴舍长轴与纬度平行)为好。这样的排列,冬季有利于太阳光照入舍内,提高舍温;夏季阳光照不到舍内,可避免舍内温度升高。由于地区、地势的差异，结合考虑当地地形、主风向及其他条件，驴舍朝向可因地制宜向东或向西做15°的偏转。南方夏季炎热，以适当向东偏转为好。驴舍的布局次序应是先种驴，后母驴、驴驹、育肥驴。

为了减轻劳动强度，以利于提高劳动生产率，应尽量紧凑地配置建筑物，以保证最短的运输、供电和供水线路，便于机械化操作。集约化驴场生产过程中的机械化饲养系统，包括饲料加工、调制、配发3个部分，应按流水作业线布置。供水系统包括提水、送水、自动饮水等；除粪、排水系统外，还包括由舍内地面清除粪尿和由粪沟中清除粪尿。要求相关建筑物适当集中配置，使相应的生产环节保持最紧凑的联系。

2. 饲草加工与贮藏类建筑物布局

在布局饲草加工与贮藏类建筑物时，因其与外界联系较多，故通常设在管理区的一侧。加工调制间靠近需要饲料多的驴舍，饲料贮藏间一侧紧贴生产辅助区围墙，门开在围墙上。这样的布置可以避免运送饲料的车辆进入生产辅助区，保证生产安全。干草垛与垫草堆要设在驴舍的下风向，并保持不小于50 m的防火间隔。垛草台及草棚是专供堆垛干草、秸秆或袋装成品饲草的台子及棚舍。垛草台高应为60～70 cm，表面摆放木棍或石块，以便防潮。有条件的驴场应修建草棚，地面为水泥结构并设有隔水层，草棚的门应设计得宽些且门扇朝外或推拉式，以便开门和运草车辆的出入。

3. 干草棚及草库

干草棚和草库大小根据饲养规模、粗饲料的贮藏方式、日粮的精粗料比重等确定。用于贮藏、切碎粗饲料的草库应建得较高，一般为5～6 m。草库的窗户离地面也应较高，至少在4 m。干草棚和草库应设防火门，距下风向建筑物应大于50 m。

4. 饲料加工厂

饲料加工厂包括原料库、成品库、饲料加工间等。原料库的大小应能够贮藏驴场10～30 d所需要的各种原料，成品库可略小于原料库，库房内应宽敞、干燥、通风良好。室内地面应高出室外30～50 cm，地面以水泥地面为宜，房顶要具有良好的隔热、防水性能，窗户要高，门窗注意防鼠，整体建筑注意防火等。饲料加工厂应建在距离每栋驴舍都适中的位置，特别要注意距离消耗饲料多的驴舍应尽量近些，而且位置稍高，这样既能干燥通风，又有利于成品料向各驴舍运输。

5. 人工授精室

大、中型驴场受配母驴较多，为使发情母驴适时配种，优秀种公驴得以充分利用，应建造人工授精室。人工授精室由采精室、精液检查室和输精室 3 部分组成，是规模化驴场的主要设施。

人工授精室面积大小根据驴群规模而定，要清洁、保温、明亮，采精室、输精室室温应在 20 ℃左右，精液检查室室温在 25 ℃。输精室应有足够的面积，采光系数不应少于 1∶15。为节约投资，提高棚舍利用率，也可在不影响产驹、母驴及驴驹正常活动的情况下，利用一部分产驹室，再增设一间人工输精室。

6. 晒场

晒场应设在草棚、精料库前面，供晒晾草料之用，也可用于掺和饲料。为避免压坏草料，在经常过车的地方应当修建专用的车道。

7. 饲料池

饲料池是进行青绿饲料、秸秆等饲料青贮、贮藏或加工处理所需的各种池子，每种池子的大小、容量、样式应根据每次各种饲料总的需要贮藏量或处理量而定。其具体设计应以方便饲料贮藏、取用为原则。

8. 驴产品的贮藏及初加工建筑物布局

宜设在靠近生产驴群的一侧，紧贴生产辅助区围墙，将运出的门直接开在围墙上，避免运输工具进入生产辅助区内。驴产品加工厂不得设在生产辅助区内。

9. 粪场

粪场应设在生产辅助区下风向的地势低洼处，与住宅间隔保持 200 m，与驴舍应有 100 m 的卫生间隔，应便于粪肥运往农田。最好有围墙隔离，并远离水源，以防污染。定期将驴舍内的粪便清除，运往粪场堆放，利用微生物发酵腐熟，作为肥料出售或肥田，也可利用驴粪生产有机复合肥料。

10. 运动场与道路

舍外运动场应选择在背风向阳的地方，一般以前排驴舍的后墙和后排驴舍的前墙之间的空地作为运动场。运动场应有坡度，以便排水和保持干燥，四周设置围栏(可以用钢管，也可以用水泥桩建造)或墙，要求结实耐用，其高度为 1.2 m。驴舍外的运动场大小应根据驴舍设计的承载养驴规模和体型大小确定。运动场的长度与驴舍长度一致，参照每头驴 10 m^2 计算出其宽度(每头驴应占面积为成年驴 15～20 m^2，育成驴 10～15 m^2，驴驹 5～10 m^2）。运动场的地面以三合土为宜。驴随时都要饮水，除舍内饮水外，还必须在运动场边缘设饮水槽，槽长 3～4 m，槽上宽 70 cm，槽底宽 40 cm，槽高 40～70 cm，每 25～40 头驴应设 1 个水槽。要保证供水充足、卫生、新鲜。

场内设置清洁道和污染道。清洁道宽度为 5～6 m，污染道宽度为 3 m 左右，道路两侧应有排水沟并植树，路面坚实、排水良好。

11. 公共卫生设施

为避免一切可能的污染和干扰，保证防疫安全，驴场应建立必要的卫生设施。

（1）隔离墙（或防疫沟） 场界要划分明确，四周应建较高的围墙或坚固的防疫沟，以防止外界人员及其他动物进入场区。驴场大门及各驴舍入口处，应设立消毒池或喷雾消毒室、更衣室、紫外线灯等。

（2）给水设施 应考虑给水方式和水源保护，分散式给水是指各排驴舍内可打一口浅水井，但地下水一般比较浑浊，细菌含量较高，必须采用混凝土沉淀池、沙滤净化和消毒法来改善水质。集中式给水，通常称自来水，把统一由水源取来的水，集中进行净化与消毒处理，然后通过配水管网将清洁水送到驴场各用水点。集中给水的水源主要以水塔为主，在其周围设有卫生保护措施，以防止水源受到污染。

（3）排水设施 场内排水系统多设置在各种道路的两旁及运动场周边，一般采用大口径暗管埋在冻土层以下，以免冻结。如果距离超过 200 m，应增设沉淀井，以尽量减少污染物积存，或被人、畜损坏。

【注意事项】

一、土壤质量要求

驴场场地的土壤状况对驴机体健康影响很大。土壤透气性、透水性、吸湿性、毛细管特性及土壤中的化学成分等，都直接或间接地影响场区的空气、水质，也影响土壤的净化作用。适合建立驴场的土壤，应该是透气性好、易渗水、热容量大、毛细管作用弱、吸湿性导热性小、质地均匀、抗压性强的土壤，故沙壤土地区为理想的驴场场地。沙壤土透水通气性良好、持水性小，因而雨后不会泥泞，易于保持驴场有适当的干燥环境，防止病原菌、蚊蝇、寄生虫卵等生存和繁殖，同时也利于土壤本身的自净。

选择沙壤土质建场，对驴本身的健康、卫生防疫、绿化种植等都有好处。选址时应避免在旧驴场(包括其他旧牧场)场地上改建或新建。

但在一些地区，由于客观条件的限制，选择理想的土壤是不容易的，这就需要在驴舍的设计、施工、使用和其他日常管理中，设法弥补当地土壤的缺陷。

二、绿化

绿化不仅可以美化环境，而且能够隔离和净化环境。

1. 场区周围绿化

在场区周围种植乔木和灌木混合林带，如乔木的小叶杨、旱柳、榆树及常绿针叶树等，灌木的河柳、紫穗槐、刺榆等。为加强冬季防风效果，在主风向应多排种植。林带行距幼林时 1.0～1.5 m，成林时 2.5～3.0 m。要注意缺空补栽和按时修剪，以维持美观。

2. 场区隔离林

主要分隔场区内各区，如生产区、管理区和隔离区的四周都应设置隔离林带，一般可用杨树、榆树，两侧种植灌木，起到隔离作用。

3. 路旁绿化

既可夏季遮阳，防止道路被雨水冲刷，也可起防护林的作用。多以种植乔木为主。乔木与灌木搭配种植效果更佳。

4. 遮阳林

主要种植在运动场周围及房前屋后，但要注意不影响通风采光，一般要求树木的发叶与落叶发生在 5—9 月(北方)或 4—10 月(南方)。

5. 美化林

场区多以种植花草灌木为主，驴场要将种植牧草与灌木结合进行。

【拓展知识】

驴场环境是指存在驴周围的可直接或间接影响驴的自然因素与社会因素

的总和。自然因素有物理因素、化学因素、生物学因素;社会因素主要包括驴群体和人为管理措施。而每一个因素我们又称为环境因素。所谓直接影响因素,是指温度、湿度等可直接作用于驴体的因素。而土壤中的重金属元素可能通过饲料或饮水而危害驴,成为间接环境影响因素。环境因素一般存在有利和有害两方面的作用,我们应对其进行分辨,做到趋利避害。

驴场的规划布局就是根据驴场的规划和拟建场地的环境条件(包括场内的主要地形、水源、风向等自然条件),科学确定各区的位置,合理确定各类屋舍建筑物、道路、供排水和供电管线、绿化带等的相对位置及对场内防疫卫生设施的安排。场区布局要符合动物防疫和环境保护要求,便于进行现代化生产操作。场内各种建筑物的安排,要做到土地利用经济,建筑物间联系方便,布局整齐紧凑,尽量缩短供应距离。

一、温度要求

驴舍内温度影响驴体健康及其生产能力的发挥。研究表明,驴舍养殖的环境温度一般要求为 5～21 ℃(适宜为 10～20 ℃),驴驹舍为 10～24 ℃(适宜为 18～24 ℃),育肥舍为 16～21 ℃。驴舍温度控制在这个温度范围内,驴的增重速度最快,高于或低于此范围,均会对驴的生产性能产生不良影响。

二、湿度要求

驴舍内最适宜的湿度为 55%～75%,日常生产中,舍内湿度要控制在 80%以下。湿度对驴体机能的影响主要是通过水分蒸发影响驴体散热,干涉驴体热的调节。低温高湿的圈舍环境会增加驴体热量散发,使体温下降,生长发育受阻,饲料报酬率降低。

三、气流要求

空气流动可使驴舍内的冷热空气产生对流,驴机体所产生的热量经对流散失。适当的空气流动可以保持驴舍空气清新,维持驴的正常体温。驴舍气流的控制及调节,一般舍内气流速度以 0.2～0.3 m/s 为宜,在温度超过 30 ℃的酷热天气里,气流速度可提高到 0.9～1.0 m/s。

四、有害气体

如果设计不当和管理不善，驴体排出的粪尿、呼出的气体，以及饲槽内剩余的饲料腐败分解，会造成驴舍内有害气体（如 NH_3、H_2S、CO_2）增多，诱发驴的呼吸道疾病。所以，必须重视驴舍的通风换气，保持空气清新卫生。一般要求驴舍空气中 CO_2 的含量不超过 0.25%，H_2S 的浓度不超过 0.001%，NH_3 的浓度不超过 0.26%。

五、光照要求

冬季光照可增加驴舍温度，有利于驴的防寒取暖。采用 16 h 光照 8 h 黑暗，可使育肥驴采食量增加，日增重明显改善。一般情况下，驴舍的采光系数为 1∶16，驴驹舍为 1∶(10～14)。

六、尘埃

新鲜的空气是促进驴新陈代谢的必需条件，并可减少疾病的传播。为防止疾病的传播，驴舍一定要保证通风换气良好，尽量减少空气中的灰尘。

七、噪声

强烈的噪声可使驴受到惊吓，烦躁不安，出现应激等不良现象，从而导致食欲下降，抑制增重，降低生长速度。一般要求驴舍内的噪声水平白天不能超过 90 dB，夜间不超过 50 dB。

任务二　驴舍建筑设计

【预备知识】

建造驴舍的目的是防寒保暖（南方地区可降温防暑，北方地区可防冻以免受风寒侵害),同时,利于各类驴群的管理。专业性强的规模化驴场,驴舍建造应考虑不同生产类型驴的特殊生理需求,以保证驴群有良好的生活环境。

驴舍按墙壁的封闭程度不同可分为封闭式、半开放式和开放式;按屋顶的形状不同可分为钟楼式、半钟楼式、单坡式、双坡式和拱顶式;按驴床在舍内的排列不同分为单列式、双列式和多列式;按舍饲驴的对象不同分为成年驴舍、驴驹舍、后备驴舍、育肥驴舍和隔离观察舍等。

一、开放式驴舍

开放式驴舍有棚舍式驴舍和装配式驴舍两种。

1. 棚舍式驴舍

有屋顶,但没有墙体。在棚舍的一侧或两侧设置运动场,用围栏围起来,结构简单,造价低。适用于温暖地区和冬季不太冷地区的成年驴舍。

炎热季节为了避免驴受到强烈的太阳辐射,缓解热应激对驴体的不良影响,可以修建凉棚。凉棚的轴向以东西向为宜,避免阴凉部分移动过快;棚顶材料和结构有秸秆、树枝、石棉瓦、钢板瓦及草泥挂瓦等,根据使用情况和固定程度确定材料选用。如果长久使用可以选择草泥挂瓦、夹层钢板瓦、双层石棉瓦等,如果临时使用或使用时间很短,可以选择秸秆、树枝等搭建。秸秆和树枝等搭建的棚舍只要达到一定厚度,其隔热作用也较好,棚下凉爽;棚的高度一般为3～4 m,棚越高,棚下越凉爽。冬季可以使用彩条布、塑料布及草帘将北侧和东西侧封闭起来,避免寒风直吹驴体。

2. 装配式驴舍

以钢材为原料,工厂制作,现场装备。屋顶为镀锌板或太阳板,屋梁为角铁焊接;"U"形食槽和水槽为不锈钢制作,可随驴的体高随意调节;隔栏和围栏为钢管。装配式驴舍室内设置与普通驴舍基本相同,其适用性、科学性主要体现在屋架、屋顶和墙体及可调节的饲喂设备上。装配式驴舍采用先进技术设计,实用、耐用和美观,且制作简单,省时,造价适中。

二、半开放式驴舍

1. 一般半开放式驴舍

半开放驴舍有屋顶,三面有墙(墙上有窗户),向阳一面敞开或半敞开,墙体安装有大的窗户，有部分顶棚，在敞开一侧设有围栏，水槽、料槽设在栏内，驴散放其中。适用于后备驴舍和成年驴舍。

2. 塑料暖棚驴舍

这是近些年北方寒冷地区推出的一种半开放驴舍，与一般半开放式驴舍比，保温效果较好。塑料暖棚驴舍三面为全墙，向阳一面有半截墙，有1/2～2/3的顶棚。向阳的一面在温暖季节露天开放，寒冷季节在露天一面用竹片、钢筋等材料做支架，上覆单层或双层塑料，两层膜间留有间隙，使驴舍呈封闭状态，借助太阳辐射热能和驴机体自身散发热量，使驴舍温度升高，防止热量散失。适用于各种肉驴舍。

修建塑料暖棚驴舍要注意以下几方面问题。

(1)选择合适的朝向　塑料暖棚驴舍须坐北朝南，南偏东或西角度最多不要超过15°，舍南至少10 m无高大建筑物及树木遮蔽。

(2)选择合适的塑料薄膜　应选择对太阳光透过率高、对地面长波辐射透过率低的聚氯乙烯等材料的塑膜，厚度以80～100 μm为宜。

(3)合理设置通风换气口　棚舍的进气口应设在南墙，距地面高度以略高于驴体高为宜，排气口应设在棚舍顶部的背风面，上设防风帽，排气口的面积为20 cm×20 cm，进气口的面积是排气口面积的1/2，每隔3 m设置1个排气口。

(4)有适宜的棚舍入射角　棚舍的入射角应大于或等于当地冬至时太阳高度角。

(5)注意塑膜坡度的设置　塑膜与地面的夹角应在55°～65°。

三、封闭式驴舍

封闭式驴舍四面有墙和窗户，顶棚全部覆盖，分单列式和双列式。主要优点是保暖性比较好，适于海拔较高、气温较低的地区。单列封闭式驴舍只有1排驴床，舍宽6 m，高2.6～2.8 m，舍顶可修成平顶也可修成脊形顶，这种驴舍跨度小，易建造，通风好，但散热面积相对较大，适用于小型驴场。双列封闭式驴舍舍内(长27 m、宽10.2 m或9.4 m，单栋可饲养肉驴50头)设有2排驴床，中央为通道，适用于规模较大的驴场。双列封闭式驴舍有头对头、尾对尾两种形式。

1. 头对头式

中央为运料通道，两侧为食槽，可同时上草料，便于饲喂，驴采食时两列驴头相对，不会互相干扰。

2. 尾对尾式

中央通道较宽，用于清扫排泄物。两侧有喂料的走道和食槽，驴采食时成双列背向。

【技术操作】

驴舍由基础、屋顶、顶棚、墙、地面、楼板、门窗和楼梯等（其中屋顶和外墙组成驴舍的外壳，将驴舍的空间与外部隔开，屋顶和外墙称为外围护结构）构成。驴舍的结构不仅影响驴舍内环境的控制，而且影响驴舍的牢固性和使用年限。

1. 驴舍基础

基础是驴舍地面以下承受畜舍的各种荷载并将其传给地基的构件，也是墙突入土层的部分。它的作用是将畜舍本身重量及舍内固定在地面和墙上的设备、屋顶积雪等全部荷载传给地基。基础决定了墙和畜舍的坚固性和稳定性。对基础的要求：一是坚固、耐久、抗震；二是防潮；三是具有一定的宽度和深度，如条形基础一般由垫层、大放脚（墙以下的加宽部分）和基础墙组成，砖基础的每层放脚宽度一般宽出墙 60 mm。

2. 墙体

墙是基础以上露出地面的部分，其作用是将屋顶和自身的全部荷载传给基础的承重构件，也是将畜舍与外部空间隔开的外围护结构，是驴舍的主要结构。以砖墙为例，墙的重量占驴舍建筑物总重量的 40%～65%，造价占总造价的 30%～40%。同时，墙体也在驴舍结构中占有特殊的地位。据测定，冬季通过墙散失的热量占整个驴舍总失热量的 35%～40%，舍内的湿度、通风、采光也要通过墙上的窗户调节，因此，墙对驴舍内小气候状况的保持起着重要作用。对墙体要求：一是坚固、耐久、抗震、防火；二是有良好的保温、隔热性能，这取决于所采用的建筑材料的特性与厚度，应尽可能选用隔热性能好的材料，保证有最好的隔热设计；三是防水、防潮，受潮不仅可使墙的导热加快，造成舍内潮湿，而且会影响墙体寿命，所以必须对墙体采取严格的防潮、防水措施（可用防水耐久的材料抹面，保护墙面不受雨雪侵蚀，做好散水和排水沟，设防潮层和墙围，如墙裙高 1.0～1.5 m，生活办公用房踢脚高 0.15 m，勒脚高 0.5 m 等)；四是结构简单，便于清扫消毒。

3. 屋顶

屋顶是驴舍顶部的承重构件和围护构件，主要作用是承重、保温隔热、防风沙和雨雪，由支撑结构和屋面组成。支撑结构承受着驴舍顶部包括自重在内的全部荷载，并将其传给墙或柱。屋面起围护作用，可以抵御降水和风沙的侵袭，以及隔绝太阳辐射等，以满足生产需要。对屋顶的要求：一是坚固防水，屋顶不仅承接本身重量，而且承受风沙、雨雪的重量；二是保温、隔热，屋顶对于驴舍的冬季保温和夏季隔热都有重要意义，其保温与隔热的作用比墙重要，因为屋顶的面积大于墙体，舍内上部空气温度高，屋顶内外实际温差总是大于外墙内外温差，热量容易散失或进入舍内；三是不透气、光滑、耐久、耐火、结构轻便、简单和造价便宜，任何一种材料不可能兼有防水、保温、承重 3 种功能，所以正确选择屋顶、处理好三方面的关系，对于保证驴舍环境的控制极为重要；四是保持适宜的屋顶高度，肉驴舍的高度依驴舍类型、地区气温而异，一般为 2.5～3.0 m (按屋檐高度计)，双坡式为 2.8～3.0 m，单坡式为 2.5～2.8 m，钟楼式稍高点，棚舍式略低些。北方驴舍应低，南方驴舍应高。如果为半钟楼式屋顶，后檐比前檐高 0.5 m。在寒冷地区，适当降低净高有利于保温。而在炎热地区，增加净高则是加强通风、缓和高温影响的有力措施。

4. 地面

地面的结构和质量不仅影响驴舍内的小气候、卫生状况，还会影响驴体的清洁，甚至影响驴的健康及生产力。通常采用地面做驴床，供驴卧息、排泄粪尿。一般要求地面保温性好。地面处理采取夯实黏土或三合土，即石灰：碎石：黏土＝1：2：4，也可用镀锌钢丝做驴床，但成本较高。地面处理要求致密、坚实、平整、无裂缝、不硬滑，达到驴卧息舒服，防止驴四肢受伤或蹄病发生。地面应不渗水，有 1.0%～1.5%的坡度，便于排污，利于清扫、消毒，能抗消毒液侵蚀。也有采用砖铺设的地面，效果较好；南方地区采用竹木漏缝地板做驴床。

5. 门窗

开设门以保证驴可自由出入，进行安全生产。驴舍的门通常在驴舍两端，即正对中央饲料通道设 2 个侧门，较长驴舍在纵墙背风向阳侧也设门，便于人、驴出入，门应做成双推门，不设门槛，其宽、高分别以 2～2.5 m、2～2.2 m 为宜。

窗的宽、高分别以 1.0～1.5 m、1～1.2 m 为宜，窗台距地面高 1.2 m。

【生产经验】

1. 驴舍面积

根据驴的生产方向和生长发育阶段不同，驴舍面积也有差别，设计的驴舍面积要适宜。驴舍面积过小，舍内拥挤，空气易污染，不利于驴的健康和生产；驴舍过大，浪费材料，成本增加。

2. 驴床

驴床是驴采食和休息的地方，驴床的长度依驴体大小而异。一般的驴床设计是使驴前躯靠近料槽后壁，后肢接近驴床边缘，粪便能直接落入粪沟内即可。成年母驴驴床长 1.8～2.0 m，宽 1.1～1.3 m；成年种公驴驴床长 2.0～2.2 m，宽 1.3～1.5 m；育肥驴驴床长 1.9～2.1 m，宽 1.2～1.3 m；6 月龄以上的育成驴驴床长 1.7～1.8 m，宽 1.0～1.2 m。驴床应保持平缓的坡度，一般以 1.5% 为宜，槽前端位置高，以利于冲刷和保持干燥。饲槽设在驴床前面，以固定式水泥槽最适宜，其上宽 0.6～0.8 m，底宽 0.35 m，呈弧形，槽内缘高 0.35 m（靠驴床一侧），外缘高 0.5～0.6 m（靠走道一侧）。为提高生产效率，可建高通道、低槽位的通槽，即槽外缘和通道在一个水平上。

3. 通道和粪沟

对头式饲养的双列驴舍，中间通道宽 1.4～1.8 m，通道的宽度以送料车能通过为原则。清粪通道也是驴进出的通道，多修成水泥路面，路面应有一定坡度，并刻上线条防滑。清粪道宽 1.5～2.0 m。驴栏两端也应留有清粪通道，宽为 1.5～2.0 m。驴床后端设有排粪沟，沟宽 35～40 cm、深 10～15 cm，沟底呈一定坡度，以便污水排出。

专业化肉驴场一般只饲养育肥驴，驴舍种类简单；自繁自养的肉驴场驴舍种类复杂，需要有驴驹舍、育肥驴舍、繁殖驴舍和分娩驴舍。

4. 驴驹舍

驴驹舍必须考虑屋顶的隔热性能、舍内的温度及昼夜温差，所以墙壁、屋顶、地面均应重视，并注意门窗安排，避免穿堂风。初生驴驹（0～7 日龄）对温度的适应能力较差，所以南方气温高的地方应特别注意防暑。在北方重点做好防寒工作，冬天初生驴驹舍可铺设厚垫草。驴驹舍不宜用煤炉取暖，可用火墙、暖气、浴霸采暖灯，初生驴驹冬季室温在 10 ℃左右，2 日龄以上因需放出室外运动，所以要注意室内外温差不超过 8 ℃。

驴驹舍可分为两部分，即初生驴驹栏和驴驹栏。初生驴驹栏，长 1.8～2.8 m，宽 1.3～1.5 m，过道侧设长 0.6 m、宽 0.4 m 的饲槽，门高 0.7 m。驴驹栏之间用高 1 m 的挡板相隔，饲槽端为栅栏（高 1 m，带颈枷），比地面高出 10 cm，向门方向做 1.5%坡度，以便清扫。驴驹栏长 1.5～2.5 m（靠墙为粪尿沟，也可不设），过道端设统槽，统槽与驴床间以带颈枷的木栅栏相隔，高 1 m，每头驴驹占用面积 3～4 m^2。

5. 育肥驴舍

育肥驴舍可以采用封闭式、开放式或棚舍。具有一定的保温、隔热性能，特别是夏季应注意防热。育肥驴舍的跨度应满足清粪通道、饲槽宽度、驴床长度、驴床列数、粪尿沟宽度和饲喂通道等条件。一般每栋驴舍可容纳肉驴 50～120 头，以双列对头为好。驴床长加粪尿沟需 2.0～2.2 m，驴床宽 0.8～1.0 m，中央饲料通道宽 1.5～1.6 m，饲槽宽 0.4 m。

【拓展知识】

一、消毒室和消毒池

在饲养区大门口和人员进入饲养区的通道口，分别修建供车辆和人员进行消毒的消毒池和消毒室。车辆用消毒池的宽度以略大于车轮间距即可，参考尺寸为长 3.8 m、宽 3 m、深 0.1 m，池底低于路面，坚固耐用，不渗水。供人用的消毒池，采用踏脚垫浸湿药液放入池内的方式进行消毒，参考尺寸为长 2.8 m、宽 1.4 m、深 0.1 m。消毒室大小可根据外来人员的数量设置，一般为串联的 2 个小间，其中一间为消毒室，内设小型消毒池和紫外线灯，紫外线灯功率 2～3 W/m^2，另一间为更衣室。

二、青贮设施

青贮饲料是驴很好的青绿多汁饲料。规模化驴场在设计和建造时均应考虑到青贮设施的位置。青贮设施应建在驴舍附近，便于取用。青贮设施有青贮窖、青贮壕和青贮袋。

三、地磅和装卸台

对于规模较大的驴场，应设地磅，以便对各种车辆和驴等进行称重；装卸台可减轻装车与卸车的劳动强度，同时减少驴的损失。装卸台可建成宽 3 m、长 8 m 的驱赶驴的坡道，坡的最高处与车厢平齐。

四、排水设施与粪尿池

驴场应设有废弃物贮存、处理设施，防止废弃物泄漏、溢流、恶臭等对周围环境造成污染。粪尿池设在驴舍外的地势低洼处，且应设在运动场相反的一侧，池的容积以能贮存 20～30 d 的粪尿为宜，粪尿池必须离饮水井 100 m 以外。在驴舍粪尿沟至粪尿池之间设地下排水管，向粪尿池方向应有 2%～3%的坡度。

五、清粪设备

驴舍的清粪形式有机械清粪、水冲清粪和人工清粪，我国驴场多采用人工清粪。机械清粪中采用的主要设备有连杆刮板式（适于单列驴床）、环行链刮板式（适于双列驴床）和双翼形推粪板式（适于舍饲散栏饲养驴舍）。

六、保定设备

1. 保定架

保定架是驴场不可缺少的设备，在打针、灌药、打耳号及治疗时使用。保定架通常用圆钢材料制成，架的主体高度为 160 cm，前颈枷支柱高 200 cm，立柱部分埋入地下约 40 cm，架长 150 cm、宽 65～70 cm。

2. 鼻夹子

鼻夹子有两种类型，一种用不锈钢材料制成，质量好又耐用，但价格较高；另一种用铁或铜材料制成，质地较粗糙，价格较低。农村用铁丝自制的鼻夹子，易生锈，不结实，且易将驴鼻拉破引起感染。

3. 缰绳

缰绳与笼头为拴系饲养方式所必需，采用围栏散养方式可不用缰绳与笼头。缰绳材料有麻绳、尼龙绳，每根长 1.6 m 左右，直径 0.9～1.5 cm。

七、牧草收获和饲料加工机械

1. 牧草收获机械

牧草收获机械有传统式收获机、小方捆收获机和大圆草捆收获机。

2. 铡草机

铡草机也称切碎机，有滚筒式铡草机、圆盆式（又称轮刀式）铡草机，主要用于牧草和秸秆类青饲料、干饲料的切短。

3. 饲料粉碎机

饲料粉碎机用于粉碎各种精、粗饲料，使之达到一定的粗细度。目前，我国生产的机型主要有锤片式、劲锤式、爪式和对辊式 4 种。

4. 饲料混合机

饲料混合机又称饲料搅拌机。常用的有立式和卧式两种，按工作连续性又可分为间歇式和连续式两种，目前，我国各地生产的饲料搅拌机多为卧式双绞龙间歇式饲料搅拌机和卧式双轴桨叶式饲料搅拌机，适合大、中型养驴场使用。

5. 揉丝机

揉丝机的工作原理是将秸秆送入料槽，通过锤片和气流的作用，使秸秆进入揉搓室，通过锤片、定刀、斜齿板及抛送叶片的综合作用，把物料切短并揉搓成丝状，经送料口送出机外。揉搓是介于铡切与粉碎两种加工方法之间的一种新方法。

6. 沼气池

建造沼气池，把驴粪、驴尿、剩草、废草等投入沼气池封闭发酵，用其产生的沼气供生活或生产用，经过发酵的残渣和废水，是良好的肥料。目前，普遍推广水压式沼气池，这种沼气池具有受力合理、结构简单、施工方便、适应性强、就地取材和成本较低等优点。

项目三

驴的饲料调制

任务一　驴的常用饲料调制

【预备知识】

驴对营养物质的需要主要包括能量、蛋白质、脂肪、矿物质、维生素、水等。主要的营养物质的需求如下。

一、能量

机体所需要能量主要来源于碳水化合物和脂肪。动物机体在生存、生长、工作、泌乳和繁殖中都需要能量。驴的生长发育要从碳水化合物中获得能量，其包括淀粉和纤维。从谷物(玉米、大麦和小麦)中获得的淀粉，它们会水解成葡萄糖。纤维素性的食物富含结构性的碳水化合物纤维素，其消化水解后得到挥发性脂肪酸。葡萄糖和挥发性脂肪酸都可以为驴提供能量。除了碳水化合物，驴还可以把膳食脂肪和蛋白质作为一种能量来源。

如果碳水化合物的摄取超过机体本身需求，那么多余的部分就会转化为脂肪。为了防止能量不足或过剩，了解驴的能量需求就显得非常重要。通常在我国热带地区的驴会喂食不足(身体状况评分小于 3 分)；而在温带地区的驴通常会被饲喂过量(身体状况评分 3～4 分)。急性和慢性过量的饲喂都会产生严重的后果，甚至死亡。对于超重的驴来说减肥尤其困难，所以提前预防比治疗更重要。

此外，应该随时供应质量好的秸秆，矿物质舔砖和大量的青饲料或者少量的维生素。驴的体重和环境状况应每月定期检查。

成年驴体重保持在维持水平（既不增重也不减重），驴每天体重的能量需求为消化能（DE）80～95 kJ/kg。在温带气候条件下，12 月份至翌年 2 月份是冬季。这时驴的消化能需要量会有轻微的上升趋势，因此日粮应使用最高用量。最低用量是在夏季高温时使用的。

为了能清楚地表示驴的日粮用量，评估一头驴每天的干物质需要量便必不可少。研究表明，测定饲喂秸秆和干草的驴（秸秆是可以自由采食的）显示干物质摄入量占活体重量的 1.3%～1.7%。其他已经发表的研究报道称，在给予不同种类饲料的情况下，驴的干物质摄入量在 0.9%～2.5%；当给驴饲喂切碎的苜蓿时，可获得干物质摄入量的较高值。因此，一头驴一天的干物质采食量合理的假设应是活重的 1.5%（一头 100 kg 的驴每天可以消耗 1.5 kg 的干物质饲料）。

碳水化合物在饲料养分中含量最多，主要包括两部分：一是无氮浸出物，二是粗纤维。无氮浸出物是指单糖、双糖和淀粉等，易被消化吸收，是驴所需热能的主要来源。在口腔唾液中的酶能分解少量的淀粉，再经过肠中淀粉酶的作用，将淀粉分解成单糖而被吸收，一部分直接氧化产生热能，供给维持体温和肌肉工作之用，一部分合成为糖原贮存在肝脏内，还有一部分贮存于肌肉中，剩余的则转化成脂肪，贮存于体内。粗纤维含有纤维素、半纤维素、木质素等物质，不易被消化，但对食草动物来说是不可缺少的。对驴来说，粗纤维主要在盲肠和结肠里受到各种微生物的作用，经过发酵分解后，有一部分转化成醋酸、戊糖、乳酸等挥发性脂肪酸，被驴体吸收后作为能量利用。此外，它在驴的消化道中起填充作用，可使驴有饱腹感、耐饥，又可以机械地刺激胃肠，促进胃肠蠕动，增加消化液分泌，有利于饲料的消化和粪便的排泄。因此，必须供给驴足量的含粗纤维的饲草。

驴对碳水化合物饲料消化率的高低取决于饲料的性质，如驴能消化玉米籽粒所含能量的 85%，但是，只能消化玉米秸秆中的 35%。原因是玉米秸秆富含粗纤维物质，只有极少部分可以被利用，大多数以粪便形式排出体外。所以马和驴的能量需求量通常被定义为可消化能的需求量。

一头 150 kg 的驴对可消化能的需求量为 20 MJ/d。这个数值应与实际饲料需要量联系起来。

驴在妊娠 9 个月的时候易消化的能量供应需在维持水平上增加 11%，妊娠倒数第 2 个月的时候增加 13%，在最后 1 个月应增加 20%。

哺乳期的头 3 个月母驴比其他驴多消耗 120%的能量，哺乳后期泌乳量减少能量消耗率降低到每天比空怀驴多出 50%。

二、蛋白质

蛋白质是养分中最重要的一种，饲料中常用粗蛋白表示，粗蛋白的测定是根据凯氏定氮法，测定出饲料中总氮，用总氮值再乘以 6.25 所得的积，便可计算出粗蛋白的含量。蛋白质是家畜生命和生产所必需的营养物质。家畜的肌肉、内脏、血液、乳汁、蹄、毛等，主要是由蛋白质构成的，其重要性可想而知。

蛋白质在胃中受到胃蛋白酶的作用，在肠中又受到胰蛋白酶和肠蛋白酶的作用，逐渐分解成氨基酸而被吸收、利用。多余的蛋白质可转化为脂肪贮存在体内。必要时蛋白质也可以作为热能的来源。

动物生长和机体组织修复均需要蛋白质，蛋白质是由单个氨基酸互相连接所组成的多肽链，蛋白质特性是由组成多肽链的氨基酸种类和氨基酸数目决定的。常见的氨基酸有 20 种，其中有些是驴体内可以合成的，不必从饲料中获取，这种氨基酸称为非必需氨基酸；有些是不能合成的，或合成的数量不能满足驴体正常生长或生产的需要，必须从饲料中获得，称为必需氨基酸（如蛋氨酸、赖氨酸）。日粮中如果缺乏必需氨基酸（如赖氨酸），将使驴驹生长发育受阻，皮焦毛燥，食欲减退，体质虚弱等。所以在配合日粮时，必须考虑驴体所必需的氨基酸，只有这样才能提高蛋白质的利用率。

各种饲料都含有一定量的蛋白质。一般豆科植物含量高于禾本科。同一株植物，枝叶中含蛋白质较多，茎秆中则较少；幼嫩期含量较高，开花期迅速下降；结实后籽实中最多，茎秆中最少。动物性饲料中，蛋白质含量丰富，质量也好。

青年驴因生长速度快，需要补充蛋白质。其他驴因机体无法贮存摄入的多余氨基酸，所以每天蛋白质的需要量均来自饲料，但给驴饲喂过多蛋白质也是一种浪费。尿素会被驴胃壁和小肠黏膜直接吸收入血，而无法接触到驴大肠内的微生物，驴会因为摄入尿素而中毒死亡，因此驴禁喂尿素。

驴另外一种获取必需氨基酸的途径是吸收在消化纤维素时产生的副产品微生物蛋白质。虽然这些微生物产生的必需氨基酸在排泄前不能被完全消化吸收，在低蛋白饲料喂养的条件下，驴也可以正常生长，表明驴对于蛋白质的消化和代谢过程更为复杂。

作为日常所需成分，一旦日粮能满足动物的能量需求，则蛋白需求也随之被满足，成年驴对可消化粗蛋白的需求为每 100 kg 体重每天(26±1.3)g。在实践中，这些可消化粗蛋白可以由日粮中的干草或秸秆提供。

三、脂肪

脂肪是动物体的组成部分，又是畜体内所需热能的来源之一。每克脂肪可产生 39.5 kJ 的热能。脂肪是驴体贮存能量最主要的一种物质。碳水化合物和蛋白质在驴体内有剩余时，就会转变成脂肪贮存在体内。当饲料中碳水化合物不足时，体内脂肪分解，代替碳水化合物的作用。畜体中的胆固醇是构成维生素 D 和很多内分泌激素的原料。此外，如脂溶性维生素 A、维生素 D、维生素 E、维生素 K 等都要靠脂肪溶解而后才能被消化、吸收和利用。驴体虽能利用蛋白质和碳水化合物合成脂肪，但有几种特殊的不饱和脂肪酸(亚油酸、亚麻酸、花生四烯酸等)必须由饲料供给，驴对必需脂肪酸的需求量目前尚不明确，但饲料中必须有 0.5%以上的亚油酸。在实际饲养中，只要日粮搭配合理，一般不会缺乏脂肪。

脂肪主要在小肠里消化。脂肪受胰液和肠液中的脂肪酶以及胆汁作用，分解成甘油和脂肪酸，被驴体吸收与利用。

饲料中含有适量的脂肪，能提高饲料能量浓度，改善饲料适口性，但饲喂过多脂肪会影响消化功能。驴饲料中不宜使用过多脂肪，饲料中脂肪含量一般为 2%～5%。

四、矿物质

矿物质对驴驹的生长发育和成年驴的健康和繁殖，都是十分重要的。它不但是驴体组织的重要物质，而且是调节体液酸碱度和维持渗透压所不可缺少的。驴需要的矿物质有常量元素和微量元素两类，常量元素包括钙、钾、氯、钠、磷、镁、硫等，微量元素包括铁、铜、锰、锌、碘、钴、硒、钼、氟、铬等。

钙和磷是矿物质中最重要的元素，占机体矿物质总量的70％。99％的钙和80％以上的磷存在于驴的骨骼和牙齿。钙对骨骼生长、调节体液平衡和血液的凝固都有重要作用。驴从饲料中摄取的钙和磷，只有在钙、磷比例适当(1.5∶1或2∶1)维生素D供应充足的条件下，才能被消化、吸收和利用。长期饲喂缺乏钙、磷或钙、磷比例不当的日粮，驴会出现钙、磷缺乏症，引起代谢障碍，发生骨软症，出现营养性骨纤维增生，主要症状为跛行，负重时四肢有疼痛感，面骨隆起，下颚骨增厚，蛋白质代谢受干扰而消瘦等。

豆科的青草、干草和秸秆的含钙量较多，禾本科的青草、干草和秸秆中含钙、磷量均比豆科低。各种籽实及其加工副产品，一般都是磷多钙少。

驴的日粮基本是以青粗饲料为主，含有一定量的精料，所以一般不会出现钙、磷缺乏症。但在生长期的驴驹、妊娠和泌乳期的母驴以及配种期的公驴，都需要较多量的钙和磷。含精料较多的日粮，往往出现磷多钙少现象，因此，配种公驴、妊娠和泌乳期母驴和驴驹，都需补充钙质饲料。

钠、氯和钾在生理上有重要作用。如维持畜体的酸碱平衡、保持细胞与血液间正常的渗透压、使体组织保持一定量的水分、调节心肌活动等。氯和钠大部分在血液和淋巴液中。氯是制造胃内盐酸的原料，乳中也含有较多。

氯和钠缺乏时，驴往往随缺水引起消化不良，食欲减退，被毛粗乱，毛尖发干，营养不良，生产力降低等。因此，对驴必须经常供给充足的食盐(氯化钠)以满足氯和钠的需要，这一点很重要。驴在夏季或在劳役较重时，汗中排出大量的氯和钠，须较多喂给食盐。盐在饲料中，能增加口味，使驴饮水量增加，消化良好。提供矿物质盐舔砖比从食物中添加盐效果更好，因为食物中盐的含量过高会抑制动物食欲从而减少营养的总摄入量。

钾分布在体组织细胞中，在肌肉、肝脏、脑和乳中含量较多。

在饲养实践中，也应了解日粮的酸碱性。所谓酸碱性饲料，是指饲料中含有的当量酸性元素(硫、磷、氯)和碱性元素(钠、钾、钙、镁)之间摩尔质量的比值。一般说来，粗饲料、多汁料、青饲料等都属于生理碱性饲料，各种精料，如高粱、玉米、大豆、豆饼、麦类、麸皮等，属于生理酸性饲料；但谷子等属于偏碱性饲料。按照家畜正常生理需要，要求日粮酸碱度以中性或偏碱性为宜。

植物体内的镁存在于茎叶的叶绿体中,另外谷物果实中以植酸螯合物的形式存在。饲料中的硫主要存在于含硫氨基酸中,而含硫氨基酸在油粕类、鱼粉、豆科类植物中比较丰富。一般豆科牧草比禾本科牧草含铁量高。植物体中的铁在绿叶和种子的外皮中最丰富。

锌在麦麸、酵母、谷物果实种子的胚和骨粉中含量最丰富。因禾本科植物含锌相对较低,故在禾本科牧草放牧为主的牧场放牧时不再额外补给锌元素可能导致锌缺乏。一般在植物叶片和茎中铜含量最丰富,而谷类果实中铜含量较少。油粕、糖蜜和酵母中铜含量较多。在碘缺乏和硒缺乏的地区,需要补充碘和硒。其他一些微量元素可以通过对饲料配方的计算,按添加剂的形式补充。

五、维生素

维生素是有机营养的一种,维持动物的健康需要小剂量的维生素。维生素在机体中作用广泛。维生素对驴来说是非常重要的。缺乏和不足,都会使驴不能正常生活、生长、繁殖和生产,严重时可引起死亡。维生素分为脂溶性维生素和水溶性维生素。

1. 脂溶性维生素

脂溶性维生素包括维生素 A、维生素 D、维生素 E、维生素 K。

(1)维生素 A　富含维生素 A 的饲料有两类:一是维生素 A 原,即各种胡萝卜素,存在于植物性食物中,如苜蓿、胡萝卜等;另一类是来自动物性食物的维生素 A。

维生素 A 是胡萝卜素在小肠壁和肝脏内转化而成,贮存于肝中。驴驹由母乳中得到维生素 A,断奶后必须由饲料中供给,维生素 A 不足时会引起生长发育受阻。成年驴缺乏维生素 A 时,繁殖机能降低,各脏器表皮组织角质化,生产力下降。

一般青绿饲料、青贮饲料和胡萝卜中含有丰富的胡萝卜素。因此,夏季放牧或喂给青绿饲料,冬季喂给青贮饲料和胡萝卜,即可满足驴对胡萝卜素的需要。

(2)维生素 D　又称抗佝偻病维生素,有维生素 D_2 和维生素 D_3 两种。规定 0.025 μg 维生素 D_3 为 1 个国际单位(IU)。维生素 D 在体内能促进钙、磷的吸收和骨骼的生长。钙、磷在小肠中吸收代谢,缺乏时会使钙、磷的吸收及代谢失常,使驴驹患佝偻病,成年驴发生骨软症。

维生素D在小肠中随脂肪一同被吸收。如缺乏胆汁,脂肪过多或过少,都不利于维生素D的吸收。维生素D进入血液中,被运送到各组织内,多余的贮存在肝内。驴常接触太阳光或放牧,就不致缺乏维生素D。因驴体皮肤内的胆固醇经阳光照射后,可转化为维生素D。一般干草、玉米秸青贮饲料中含维生素D丰富。

(3)维生素E　又称生育酚,是α-生育酚以及其变异体β-生育酚、γ-生育酚和α-生育三烯酸等的总称。缺乏时可引起生殖器官形态和机能的变化而不育。青绿饲料、青干草和种子胚里含有丰富的维生素E,一般日粮中不缺乏。只在种公驴配种期,日粮中应考虑加入短大麦芽或其他青饲料,以补充维生素E。

(4)维生素K　驴对维生素K的需求量尚未明确,一般新鲜牧草和优质干草中维生素K_1含量以及在消化道内微生物产生的维生素K_2能够满足其需要。

2. 水溶性维生素

水溶性维生素包括B族维生素、维生素C、对氨基苯酸和肌醇,维生素是畜体代谢过程中必需的物质。B族维生素包括硫胺素(B_1)、核黄素(B_2)、吡哆醇(B_6)、钴胺素(B_{12})、烟酸(维生素PP)、泛酸、生物素、叶酸和胆碱。

对于驴来说,多数的B族维生素在消化道内,特别是在大肠内由微生物的作用而合成。驴驹有食粪的习性,可以借此摄取在母驴大肠内被合成的B族维生素,因此驴驹缺乏B族维生素的情况较少。研究证明,生物素的补给能有效地改善蹄质。驴在体内能合成大量维生素C,一般饲养管理的情况下,胆碱和肌醇也不会缺乏。

贮藏的饲料和浓缩谷物中的维生素含量很低,贮藏时间越长,维生素流失越多,饲喂贮藏饲料的驴患维生素缺乏症的概率大大提高,在青绿饲料有限时,年龄较小或较大的驴更易患病。在冬季,时常放牧对驴的维生素摄取很重要。饲喂牧草或新鲜饲料的驴不太可能出现维生素缺乏症,给驴提供充足维生素最好的办法是给它们新鲜的青绿饲料,即使少量也能帮助弥补日粮中维生素的不足。

六、水

水是驴体的主要组成部分,对维持驴的正常生活起着极其重要的作用。

驴体内水分含量占60%，血液中的水分含量占82%，甚至骨骼里都含有25%的水分。驴体中的每个生物反应都需要水作为溶剂。水能溶解饲料中的养分，把营养物质运送到生物体需要的部位，并将其代谢废物运送到肝和肾中。脱水会抑制食欲，并且会减少其他必要营养物质的吸收。根据机体营养物质缺乏症状的发展速度，水可能是驴体最重要的营养物质之一。

然而，这也是经常被忽视的一点，饲养者经常会低估驴每天的需水量。驴能够适应半干旱的环境并能很好地处理口渴和快速补液，它们可以忍受失水高达自身体重的30%的情况，然后2～5 min内饮用24～30 L的水，并快速地吸收并恢复。驴更耐饥渴，并且可以长时间坚持食用缺水食物。可是，这种短期的忍受饥渴不能和其对水的长期需求相互混淆。

驴在气候凉爽、不被使役的情况下，每摄入1 kg干物质需要1.1 kg水。哺乳期的驴需要大量的水来提供乳汁分泌，大概需水量是一般驴的2倍。气温高于30 ℃时驴的饮水量也会提高为平时的3～4倍。一般的原则是每天给驴提供自由饮用的洁净水。当驴在工作时，需要经常给它们提供水，夜间也应准备充足的水。驴每天必须合理供水，至少4次/d。应利用所有的机会供水，尤其是使役中的驴。

【技术操作】

一、粗饲料

饲喂驴的粗饲料种类较多，驴对饲草品质的要求相对较低，大多数农作物秸秆都可以饲喂驴。

1. 秸秆类

秸秆类含粗纤维多，质地粗硬，消化率低，含粗蛋白质和维生素很少，营养价值不完全。常用的有谷草、玉米秸、稗草、糜子草、大麦秸、燕麦秸、稻草、各种豆荚皮和豆秸等。

(1)谷草　是我国北方喂驴的传统饲草。以叶子多，空心者为好。1 kg谷草中约有16 g可消化蛋白质和15～20 mg胡萝卜素，其营养约等于2 kg小麦秸，或1.5 kg稻草，或1 kg花生秧。因其质地较硬，喂前将它压扁，压软，铡成

2 cm 左右为好。

(2)玉米秸　在霜前割下捆成小捆码堆荫干，经 1 个月左右拉回，养殖场垛起盖好封顶，保持青干。喂时铡成长 2 cm 左右，单喂或掺入谷草中喂都可以。用玉米秸喂驴时，要去掉粗硬的根部，长约 15 cm。玉米秸加工成粉丝状拌料喂驴，利用效率较好。有些地方用玉米秸喂驴尚不普遍，如果采用玉米秸喂驴，建议与谷草搭配利用。

(3)稗草、糜草和麦秸　一般不如谷草，最好掺入谷草中饲喂。稗草质地较谷草柔软，糜草驴爱吃，最好早春喂用，天热则味变苦，驴不爱吃。更要注意糜草中有糜毛，驴吃进后对胃肠有刺激，切忌单喂多给。麦秸类粗硬，适口性差，最好能用苜蓿草、糠麸等拌和喂用。

(4)稻草　产稻区多用稻草喂驴，但稻草营养不如谷草，适口性差，含钙少。要尽量选用叶较多、黄绿色、质地柔软的稻草做饲草，稻草要经加工调制。驴爱吃铡短的稻草，以铡成 1.5～2.5 cm 长为宜(即农民所谓“寸草铡三刀”的长度)。喂前最好进行碱化处理，即将稻草放在缸里或水泥池里，分层装填每层约 30 cm，踩实后倒入 1%～3%的石灰水，将草浸透，再装第二层草踩实，加石灰水，接着装第三层、第四层，全池装满后压实。经过一昼夜，稻草泡软变黄，略带香味，即可喂驴。最好当天喂完，放置过久易腐败变质。稻草经碱化处理后，破坏原粗纤维的组织结构，同时溶解稻草中难消化部分，增强适口性，提高消化率。

(5)豆荚皮和豆秸　含蛋白质和钙量较多，可以喂驴。豆荚皮必须保存好，不要受潮，喂时要筛净去梗。喂豆荚皮的驴易渴，应充分饮水并经常给盐。豆秸粗硬，适口性差，必须压碎，切成 2 cm 左右喂用。用盐水焖或粉碎成丝后掺入谷草中饲喂最好。

上述秸秆类饲料都不太容易消化，最好加以调制后再喂。

2. 青干草

青干草是将结籽以前的青绿饲料割下晒干制成的，有野生青干草和栽种青干草两类。它们都是喂驴的主要粗饲料，比秸秆类饲料营养价值高。

(1)野生青干草　草原上的牧草，以禾本科为主，混有少量豆科和菊科牧草。禾本科以猫尾草最好，而在东北以羊草(碱草)制成的青干草质量较好。在抽穗开花期收割晒制的草，呈黄绿色，质地柔软，含有丰富的蛋白质、矿物质和维生素，气味芳香、适口性强。繁殖母驴不负担劳役，常年放牧，冬季供给充足的青干草，也可保证正常的繁殖。收割过晚或晒草时遇雨的干草，呈暗绿色，茎秆粗硬，质量下降。

(2)栽种青干草　分豆科青干草和禾本科青干草两种。豆科青干草中有紫花苜蓿、草木樨和箭舌豌豆等。其中以紫花苜蓿的质量最好，适口性强。豆科青干草含蛋白质为12%～15%，品质优良，含有多量的钙和维生素。禾本科青干草，主要有青燕麦草、青稗草和苏丹草以及多年生的老芒麦、鸡脚草和无芒雀麦等。在抽穗期收割的禾本科牧草品质最好，所含蛋白质、矿物质和维生素都低于豆科青干草。

①苜蓿。紫花苜蓿为豆科苜蓿属，多年生豆科植物，被称为“牧草之王”。苜蓿含有较高的蛋白质、维生素、矿物质以及微量元素，是一种高能量的牧草。1 kg优质紫花苜蓿草粉相当于0.5 kg精饲料的营养价值。氨基酸含量非常高，是玉米的5.7倍，被广泛用于养殖业。苜蓿是养驴不可多得的优质饲料。

②羊草。又名碱草。羊草叶量多、营养丰富、适口性好，各类家畜一年四季均喜食，有“家畜的细粮”的美称。牧民形容说“羊草喂家畜，无料也上膘。”羊草花期前的粗蛋白质含量一般占干物质的11%以上，分蘖期高达18.53%，且矿物质、胡萝卜素含量丰富。羊草调制成干草后，粗蛋白质含量仍能保持在10%左右，且气味芳香、适口性好、耐贮藏。

③猫尾草。长期以来，人们都喜欢用猫尾草喂驴。同许多其他青干草相比，猫尾草含有的蛋白质较低，需要更多的蛋白质补充料。然而，一般猫尾草都和三叶草混合生长。三叶草中含有较高的蛋白质，能增加猫尾草-三叶草混合草的蛋白质含量。猫尾草最好在开花前收割，可增加蛋白质的含量，减少粗纤维的含量，也增加适口性和可消化性。太成熟的或晚收割的猫尾草是一种低质量的青干草。猫尾草通常是不发霉的。

(3)青干草的调制　调制青干草一般分为两个阶段。

第一阶段，为使植物细胞尽快死亡，停止呼吸代谢，减少营养物质的损失，须采取短期曝晒，迅速降低植物体的水分(由原来的80%，降到40%左右)。

第二阶段，要减少阳光等对营养物质的分解破坏，加速使水分降低到15%以下。

调制青干草(主要指草原牧草)的具体做法如下：

一般先将青绿饲料在抽穗期收割，原地平铺曝晒，待草表面干燥枯萎时搂成条堆继续风干，以后连晒 1～2 d，再堆成小堆（或小垄），过 1～2 d 晒至半干时，即可堆成大堆继续风干，待充分干燥后，堆垛贮藏。

调制苜蓿干草时，一般在苜蓿孕蕾、开花初期，选择好天气收割，割后随即收集成小条堆，当天晚上堆成小堆（约 1 m 高）过夜，第二天待露水干后，摊成 30 cm 左右厚的圆铺，晒 2～3 h 翻一番，傍晚将几个小堆合并为一大堆，第三天继续翻晒，这样翻晒几天即可制成。晒制好的苜蓿干草保持绿色，不掉叶，有清香味。

伏天或多雨季节调制干草，容易遭雨淋，干草的颜色会变成褐色乃至黑色，干草中的胡萝卜素由于雨淋，会引起分解，营养物质会损失很多。

在不良天气晒制干草时，须尽可能使收割的青干草与地面隔离，有一定的空隙，便于空气流通，免遭雨水浸湿。在多雨地区，可利用棚架、三脚架、横木等晒制青干草。

（4）青干草的保存　青干草最好用草库或草棚保存，避免日晒、雨淋。堆垛保存的青干草，含水量不应超过 16%，水分过高易发霉。堆垛要在良好的天气下进行，不要在雨、露天堆垛。为了减少豆科青干草叶子脱落，可在早晚堆垛。草垛顶部应有倾斜度，上面用草帘封顶，以防雨水渗入，再用草绳捆上树枝或吊上石头压住，防止大风揭开。草垛底用石头、黏土或干树枝垫底，便于通风干燥。

二、青绿饲料

青绿饲料含有较多的天然蛋白质、维生素和矿物质，营养丰富，容易消化，有调节胃肠蠕动的作用，是养驴不可缺少的饲料。

青绿饲料有天然青草和栽种的青饲料两种。天然草地的青草和杂草多数是禾本科青草，栽种的青饲料有禾本科和豆科两种。

禾本科有青饲玉米、青燕麦、草谷子和青稗草等；豆科有紫花苜蓿、箭舌豌豆和秣食豆等。青刈的牧草堆积时间长了，容易发霉变质，保存时要注意翻动通风，并应防止日晒和雨淋。每次青刈量，以一昼夜吃净为度。

喂驴的多汁饲料，主要有胡萝卜和饲用甜菜，这种饲料是种驴、驴驹和妊娠后期母驴的优质饲料，喂时要洗净，切成小块生喂，防止驴食道梗塞。

三、青贮饲料与半干青贮饲料

1. 青贮饲料

青贮饲料，又称草罐头。青贮，可以把大量营养物质保存下来，特别是蛋白质和胡萝卜素基本不受损失。良好的青贮料，多汁、气味芳香、适口性强。青贮料含有大量有机酸（主要是乳酸），适量喂驴可促进消化。冬季和春季少量的喂青贮料，可使瘦弱驴复壮。驴的生理适宜中性或偏碱性饲料，而青贮是酸性饲料，对种公驴和母驴不可多喂，可摊开散气，也可用碱水中和。

喂驴的青贮原料，最好是青玉米秸。禾本科、豆科混播的牧草等也可作为青贮原料。青贮料在喂前要做品质检查，必须是颜色淡绿或黄绿、气味酸香、质地良好者。

青贮饲料具有特殊酸味，初喂时驴往往不愿意吃，应撒上一层精料引喂。青贮料含有大量有机酸，具有轻泻性，开始喂时稍有轻度腹泻属于正常现象。

2. 半干青贮饲料

半干青贮饲料又称低水分青贮饲料，在国外应用比较普遍。它是将青贮原料收割后进行晾晒，使豆科原料水分迅速降至50%、禾本科降至45%时贮制。其他贮制程序和要求与一般青贮基本相同，只是其发酵过程较一般青贮缓慢些。

半干青贮饲料具有水分含量低、占窖面积小及营养损失小等特点。尤其对青贮原料中的糖及蛋白质含量没有限制，故非常适合于含糖量低、不易贮藏的豆科类牧草（如苜蓿、沙打旺）的贮制，而且效果非常好。可以说，半干青贮是贮藏豆科牧草的绝佳方法。

晾晒时应注意：一是要选择阳光充足时进行，以便迅速风干；二是掌握好晾晒时间及水分。水分含量高的可晾晒6～7 h，水分含量低的可晾晒2～3 h。待水分达到所要求的程度，便可收起贮制。

四、能量饲料

1. 高粱

高粱含淀粉多，并含丹宁酸（即鞣酸），可防止发霉，同时也降低了蛋白质的消化率和适口性，有一种涩味的口感，有止泻作用。单纯用高粱拌草喂驴，容易使其发生便秘，故必须搭配含有轻泻性的饲料喂驴。同时，高粱的适口性不好，因此经常与玉米、燕麦混喂。用高粱喂驴时，先去杂，用水淘净，破碎后喂，比喂整粒消化好。黑壳高粱含鞣酸多，涩味很大，用温水浸泡后，可减少涩味。注意发热、霉烂的高粱，不能喂驴。

2. 谷子和稗子

谷子和稗子含蛋白质和胡萝卜素较多，是生理碱性饲料，好消化，驴爱吃，磨碎饲喂。也可制成小米和稗米，浸泡后喂给种公驴、驴驹和妊娠母驴，是非常好的精料。

3. 玉米

驴的日常饲料中最佳的是燕麦，仅次于燕麦的就是玉米。玉米可以整粒喂、粉碎喂或压扁喂，但是牙齿不好的驴和驴驹不要饲喂整粒玉米，多数驴养殖户将玉米粉碎成颗粒或压成片。玉米含有的能量高、纤维少，许多驴养殖户在天冷的时候多喂玉米，在天气热的时候不喂玉米或减少玉米的喂量。玉米的蛋白质品质较差(如缺乏赖氨酸)，喂玉米时，最好和蛋白质、维生素和钙含量较多的饲料混喂。

4. 大麦

由于大麦比较硬，所以应将大麦压碎，最好压扁。一般大麦壳贴在核上很紧，因此将大麦加工一下会增加其消化率。大麦难消化，整吃整拉，即“吃大麦、拉大麦”。一些驴养殖户认为单独喂大麦会引起驴的急性腹痛，将大麦和体积较蓬松的饲料混喂，如加 15%以上的麦麸或 25%以上的燕麦可以减少急性腹痛的发生。尽管大麦含有的粗纤维要比玉米和高粱高，但多数驴养殖户仍喜欢将大麦同燕麦、啤酒糟、甜菜渣等蓬松饲料一起喂。大麦的适口性比玉米差，比燕麦更差。产于我国的青稞是无壳大麦，是大麦的一个变种，其营养成分与大麦相似，但因易发酵而引起驴胃肠臌气，多不用它喂驴。

5. 燕麦

燕麦非常好吃可口，具有较高的粗纤维含量，也是非常安全的饲料，含有较高的蛋白质。燕麦被认为是评价其他谷物的标准，因此是被广泛利用的饲料，最好质量的燕麦只含有 25%的壳。燕麦是填充饲料，可防止家畜因吃得过饱而得病。脱壳的燕麦对驴驹特别有价值。燕麦可以整喂，也可以压碎喂，将燕麦压碎可以改善其消化性能的5%。许多养殖户用压碎的燕麦饲喂驴,压碎的燕麦对牙齿不好的驴或驴驹是最好的饲料。燕麦微粒化与压碎的燕麦相比可提高对淀粉的消化。

莜麦是无壳燕麦,无壳而缺乏纤维素,因此用莜麦喂驴应添加一些富含纤维素的饲料。莜麦在我国山西、内蒙古等地生产较多,多数为人食用。品质不好的莜麦中常有沙子和土,因此用其饲喂驴前需要过筛和清洗。

大麦和燕麦都可用作发芽饲料,作为冬春补充维生素的饲料。其做法是:将麦粒用水洗净,加温水浸泡12 h后,撒放在发芽木盘(底部钻些小空)内3～4 cm厚,盖上麻袋片,放在暖室,每天用喷壶喷洒温水数次,保持湿润,3～4 d就开始生根发芽。之后可用凉水湿润,白天放到阳光下照晒,5～6 d麦芽即可长出。为了提高公驴精液品质和促进母驴发情、妊娠驴保胎,可喂短芽。短芽呈黄白色,含维生素E较多。为了增加维生素A,可喂长芽,长芽呈碧绿色,含胡萝卜素多。燕麦芽和玉米芽不如大麦芽好。配种公驴每天可喂大麦芽(干重)250～500 g,母驴每天喂250 g即可。

6. 小麦

小麦不是喂驴的主要饲料。小麦含有谷胶,是一种黏性物质。当小麦磨碎时,受湿以后似黏团,易成球状并产生适口性差等问题。如果选择小麦作为驴的饲料,最好将其蒸压,注意其用量要少,占精料日粮的10%～20%,最好与其他蓬松饲料(如燕麦、啤酒糟、甜菜渣)混合。用小麦喂驴费用较高,小麦主要给人食用。

7. 小麦麸

小麦麸又称麸皮,其适口性好、具有蓬松的特性和适度的轻泻作用。一般在日粮中小麦麸的用量占5%～20%。小麦麸是由硬小麦皮制成的,许多驴养殖户给驴喂小麦麸的目的是防止驴便秘和维持正常的通便。养殖户用温水将小麦麸制成糊来喂病驴、通便不好的驴和产驹的母驴,有助于恢复其体力。小麦麸中不易吸收的植酸磷含量比较高,含钙量低。民间的经验是小麦麸可以防结症,小麦麸喂驴是一个极好的饲料,即含有一定量的粗纤维,又有轻泻的作用。

8. 米糠

加工程度不一样,营养价值也有所不同。米糠一般含脂肪多,但易发酵酸败而结成块，不易保存。米糠中磷多钙少，作为驴的日粮成分每千克米糠应加入石粉 50 g 饲喂。米糠有润肠作用，适于喂给育肥驴、驴驹和瘦弱驴。

9. 甘蔗糖蜜

甘蔗糖蜜对驴来说是一种非常好的饲料。它可以增加日粮的适口性和减少日粮中的粉尘，也可以增加日粮的湿度，对饲料颗粒的形成很有利。糖蜜中含有 4.3%蛋白质，但驴如何消化利用这些蛋白质尚没有资料报道。其中可能以非蛋白质的形式存在，因此驴对它的利用受到限制。一般精料中糖蜜的量占5%～15%。因此，它在总日粮中所贡献的蛋白质的量是很少的，在热而潮湿的地区，糖蜜在日粮中配比限制为 5%～10%。糖蜜的量加得过多可能引起饲料过湿并导致霉菌生长。

10. 甜菜糖蜜

甜菜有利于产奶。用甜菜糖蜜喂驴与用甘蔗糖蜜喂驴相同。养殖户更偏爱用甘蔗糖蜜喂驴。甜菜糖蜜和甘蔗糖蜜在干物质的含量上变化很大，因此在购买糖蜜时应当注意。

五、蛋白质补充料

1. 牛奶和鸡蛋

在配种期主要用作提高种公驴精液品质的补品。

2. 脱脂奶粉

脱脂奶粉适口性非常好且易于消化。其中含有的乳糖是驴驹最好的糖类来源。脱脂奶粉是高质量的蛋白质来源，也是非常好的维生素和矿物质来源。因此，脱脂奶粉对于驴来说是一种非常好的饲料。脱脂奶粉作为蛋白质补充料大量喂驴是非常贵的，一般主要用于驴驹的日粮，也可作为驴驹的补充料或者是代乳料的部分，以加强断奶后驴驹的饲养，给驴驹一个良好的开始。

3. 鱼粉

鱼粉是一种高蛋白质饲料，含有丰富的矿物质和维生素。常用来做配种期种公驴和正在发育中的良种驴驹的营养补品，适当的鱼粉是最好的蛋白质补充料。鱼粉中含有非常高的赖氨酸和蛋氨酸。但鱼粉中若含有大量的鱼骨和鱼头，其营养价值也就随之降低了，因为骨头和鱼肉相比，其营养价值非常低。鱼粉价格较高，因此一般用量有限。通常在日粮中，鱼粉用得很少，多数情况下是用来提供蛋白质，供应赖氨酸和蛋氨酸以保持日粮中氨基酸的平衡。

4. 肉粉和肉骨粉

两者均少量用于驴精料日粮中的蛋白质补充料。它们是赖氨酸很好的来源，比植物性蛋白质补充料中的赖氨酸要高。它们也含有很高的钙和磷，同时也是维生素和矿物质的良好提供者。肉粉和肉骨粉的营养价值随着肉和内脏器官占比的多少有较大的变化。因此，在评定产品质量时需要仔细检查。

5. 大豆

大豆富含粗蛋白质和粗脂肪，是营养丰富的饲料，其味香，蛋白质的品质较好，喂时磨成豆瓣，加点盐，煮八分熟喂驴。春天把大豆磨成豆汁，喂营养不良和过劳的驴很有效。冬季用大豆煮成盐豆来喂驴，能壮力抗寒。黑豆炒后粉碎拌草喂，能增加适口性。

6. 豌豆和蚕豆

豌豆和蚕豆的蛋白质含量比大豆低，但淀粉含量比大豆高，而脂肪、钙、磷的含量基本与禾本科籽实相似。喂时磨碎，易消化，驴爱吃。一些豆类(赤豆、绿豆、腰豆、菜豆等)喂前要煮熟，去除毒素。不过这些豆类不常作为饲料。

7. 豆饼

豆饼含有丰富的优质蛋白质和较多的淀粉以及少量的脂肪，喂驴很好。喂前切碎，用温水(夏天用凉水)焖发 2～3 h，焖发完再用凉水解开，以免有豆腥味。焖发时要少用水(500 g 豆饼加 750 g 水)，现焖现喂。喂量不要过多，一般是精料总量的 1/4。喂得过多，会出现消化不良现象。

8. 大豆粕

大豆粕是一种非常好的蛋白质饲料，特别对正在生长期的驴驹。在喂驴的植物性蛋白质饲料中，大豆粕含有较高的赖氨酸，它比脱脂奶粉的高。大豆粕含有44%或48%的蛋白质，含有48%蛋白质的大豆粕为去掉大豆皮制成的。大豆粕是饲喂驴最广泛应用的蛋白质饲料。日常饲养中，大豆粕常与其他蛋白质饲料混喂。适当地加工大豆粕(如压榨机浸出、溶剂浸提)不会改变其营养价值。过热加工大豆粕会破坏赖氨酸，温度达不到又不利于蛋氨酸的利用。因此，大豆粕要适当加热处理和加工才能发挥最大的营养价值。没有适当加热处理和加工的大豆粕不能喂驴，因为其中含有胰蛋白酶抑制剂，会抑制胰蛋白酶的消化作用。没有加工的整粒大豆中也可能含有其他因子，要求在喂驴之前一定要加热处理。

9. 亚麻籽粕

亚麻籽粕是一种非常普遍的驴蛋白质补充料。许多驴养殖户认为亚麻籽中含有一种物质(可能是黏蛋白或脂肪)，能够使驴的毛皮发亮而有光泽。用溶剂抽提的亚麻籽粕相当细且有粉尘。因此，多以颗粒料的形式来喂，有些人认为，用溶剂抽提的亚麻籽粕含油低，不能对驴毛的光泽产生有效的影响。他们更喜欢过去的加工方式，以便使其含有更多的油和更加良好的适口性，并对毛皮有较好的作用。亚麻籽含有较低的赖氨酸，对驴驹或生长较快的驴驹不能作为唯一的蛋白质补充料，因为它会引起赖氨酸的缺乏。亚麻籽粕还有轻泻的作用，因此在日粮中用量不宜过多。最好与其他赖氨酸含量较高的蛋白质饲料混用。

10. 向日葵籽粕

向日葵籽粕是用向日葵籽制成的。它的赖氨酸含量较少，仅为豆粕的一半。如果把大量的外壳脱掉，这种粕的蛋白质含量会很高。溶剂抽提物中含有45.2%蛋白质，11.7%粗纤维。根据饲养试验推算，在日粮中用向日葵代替豆粕不能超过20%，并且只能喂那些较老的家畜。如果不加赖氨酸补剂或1/4～1/3的豆粕，向日葵籽粕不能喂驴驹。

11. 花生

花生易霉变，不宜久存。在花生产区常用花生饼喂驴，喂量不应超过精料总量的20%。

12. 棉籽饼

棉籽饼含棉酚毒素，应去毒，喂量每头驴每天不超过1 kg。

13. 油饼类精料

油饼类精料都缺乏维生素和钙质，须配合其他饲料一起饲用。

六、矿物质饲料

常用的矿物质饲料有骨粉、贝壳粉、石灰石粉和食盐等。

1. 骨粉

骨粉是用畜禽的骨经高压蒸或煮，除去有机物(脱胶、脱脂)后经压榨、粉碎制成，其主要成分是磷酸钙。优质蒸制骨粉，一般含钙量为30%～36%，含磷量为 11%～16%。

2. 贝壳粉、石灰石粉

贝壳粉和石灰石粉的主要成分为碳酸钙，用以补充畜体所需的钙质。

3. 食盐

食盐可以用于补充驴体内钠和氯，应每天喂给。缺碘地区，可加入碘化钾制成碘盐喂用。

【生产经验】

饲料是驴维持生命、生长发育、繁殖后代和负担劳役等的物质基础。要进行科学养驴，必须了解饲料中的各种营养成分，以及它们对驴的生命与生产活动的作用。在实际饲养中，应适当调制，根据饲料的营养成分合理搭配，以提高饲料的利用率。

植物细胞构成了驴所吃饲料的主要部分，其包含两个主要部分，即细胞内含物和细胞壁材料（纤维）。植物的细胞内含物易消化且营养丰富，但会随着植物成熟，数量迅速减少。纤维部分含有 3 种主要的碳水化合物，即半纤维素、纤维素和木质素。当植株幼龄时，它的细胞壁的主要组分为半纤维素，但是随着植株成熟，纤维素和木质素越来越多。因此随着植物生长，纤维成分会变得越来越难以消化。

纤维素被大肠中的微生物发酵消化。没有这些微生物，驴就无法消化富含纤维的饲料，如秸秆和干草。木质素是一种木本物质，几乎不能被肠道微生物降解。

春季牧场的植物富含细胞内含物且纤维含量少，此时植物的营养非常丰富。但是随着夏季的到来，尤其是植物开花时，植物纤维越来越多而细胞内含物则会相应减少。饲喂给驴的基本饲料（如干草、青贮和秸秆）收割时已经接近成熟，细胞内含物相对于纤维含量已经非常少。

【拓展知识】

一、特殊饲料

小麻籽（线麻籽）：含有丰富的蛋白质和脂肪。将小麻籽炒到黄熟，压碎后喂给无乳或少乳的母驴，可以催乳，是促进母驴泌乳的良好饲料。

西红柿：含有大量维生素。喂给患过消化系统疾病和热性病而在恢复期的驴很有效果。

二、能量饲料的加工贮藏

能量饲料的营养价值较高，但禾谷类籽实有种皮、颖壳等不便采食，还可能含有某些抗营养因子。因此，饲喂前需加工调制，以提高消化率，充分发挥其营养价值。

饲料在贮藏过程中一些营养成分也会逐渐流失，而驴场又必须短期或长期地贮藏饲料。除了粗饲料加工和贮藏外，能量饲料加工和贮藏有以下方法。

1. 能量饲料加工

能量饲料加工方法主要有两种：一种是物理加工，磨碎、压扁、焙炒、浸泡；另一种是发芽与糖化。

2. 能量饲料贮藏

能量饲料贮藏方式和贮藏人类食物方式相同，要将种皮保存在恒温低温、通风良好、湿度较低的环境下，不可以直接日晒或者接触潮湿的空气，同时要注意防雨、防水、防啃食、防虫及鸟类啄食。主要有谷物饲料的贮藏和块根块茎类饲料的贮藏。

任务二　驴的饲料配方设计

【预备知识】

驴的营养需要与其他畜禽一样，分为维持需要和生产需要。维持需要是在驴基本生存状态下仅维持正常的生命活动，不进行生产、体重不增不减所需的热能。生产需要伴随生长、繁殖、泌乳、妊娠不同生理状况，营养也随之变化。驴的营养物质需要应当和饲料所含营养物质供给相对应。除水外，主要包括蛋白质、能量(碳水化合物、脂肪),矿物质、维生素等。人们在生产中仍然多是根据马的营养需要标准的70%～75%来要求进行驴的日粮配比,并进行适当调整和实际应用的。体重200 kg成年驴的营养需要见表3-1。

表3-1　体重200 kg成年驴的营养需要

项目	体重/kg	日增重/kg	日采食干物质量/kg	消化能/(MJ/kg)	可消化蛋白质/g	钙/g	磷/g	胡萝卜素/mg
成年驴维持营养	200	—	3	27.63	112	7.2	4.8	10
妊娠末90 d	—	0.27	3	30.89	160	11.2	7.2	20
泌乳前3个月母驴	—	—	4.2	41.81	432	19.2	12.8	26
泌乳后3个月母驴	—	—	4	43.49	272	16	10.4	22
哺乳驴3月龄	60	0.7	1.8	24.61	304	14.4	8.8	4.8
除母乳外需要	—	—	1	12.52	160	8	5.6	7.6
断奶驴(6个月)	—	0.5	2.4	29.47	248	15.2	11.2	11
1岁	140	0.2	2.4	27.29	160	9.6	7.2	12.4
1.5岁	170	0.1	2.5	27.13	136	8.8	5.6	11
2岁	185	0.05	2.6	27.13	120	8.9	5.6	12.4

现在提出的这些营养需要,仅是保持驴体健康和生产的基本需要量,使用时还应考虑不同生长阶段驴个体间差异、养分间关系、驴的营养状况、疾病和环境条件等酌情变化。

一、全价配合饲料营养性原则

驴的日粮,是指每头驴一昼夜所采食的各种饲料的总量。按照饲养标准和饲料的营养价值配制出的完全满足驴在基础代谢和增重、繁殖、产乳、育肥等阶段需要的全价日粮。配制营养全、成本低的日粮是实现高效养驴的基础条件。

1. 合理地设计饲料配方的营养水平

设计饲料配方的营养水平必须以饲养标准为基础,同时要根据动物生产性能、饲养技术水平与饲养设备、饲养环境条件、市场行情等及时调整日粮营养水平,还要考虑外界环境与加工条件等对饲料原料中活性成分的影响。设计配方时要特别注意各养分之间的平衡,也就是全价性。

2. 合理选择饲料原料,正确评估和决定饲料原料营养成分含量

饲料配方平衡与否,很大程度上取决于设计时所采用的原料营养成分值。

条件允许的情况下,应尽可能多地选择原料种类。原料营养成分值尽量有代表性,要注意原料的规格、等级和品质特性。选择饲料原料时除要考虑其营养成分含量和营养价值外,还要考虑原料的适口性、原料对驴产品风味及外观的影响、饲料的消化性及容重等。

3. 正确处理配合饲料配方设计值与保证值的关系

配合饲料中的某一养分往往由多种原料共同提供,且各种原料中养分的含量与其真实值之间存在一定的差异,同时饲料加工过程中还存在偏差,生产的配合饲料产品往往有一个合理的贮藏期,贮藏过程中某些营养成分还要受外界各种因素的影响而损失。配合饲料的营养成分设计值通常应略大于配合饲料保证值,保证商品配合饲料营养成分在有效期内不低于产品标签上的标示值。

二、全价配合饲料经济性原则

经济性即经济效益和社会效益。在养驴生产中,饲料费用占很大比例,一般要占养驴成本的70%～80%。因此,配合日粮时,要充分利用饲料的替代性,就地取材,选用营养丰富、价格低廉的饲料原料来配制日粮,以降低饲料成本。饲料种类尽可能增加,这样可以充分发挥饲料原料营养成分的互补作用,使饲料营养更加平衡。设计配方时,还要考虑动物排泄物中氮、磷、药物等对人类生存环境的不利影响。

三、全价配合饲料安全性原则

配合饲料对动物自身必须是安全的,发霉、酸败、污染和未经处理的含毒素的饲料原料不能使用。动物采食配合饲料而生产的动物产品对人类必须既富含营养又健康安全。设计配方时,某些饲料添加剂(如抗生素)的使用量和使用期限应符合安全要求。

【技术操作】

全价配合日粮配制时首先要设计日粮配方,有了配方,然后“照方抓药”。如果配方设计不合理,即使多么精心地制作,也生产不出合格的饲料。配方设计的方法很多,主要有试差法、四角形法、线性规划法、计算机法等。日粮配合的具体步骤如下。

1. 查饲养标准

根据驴的性别、年龄、体重和生产性能查得相应的饲养标准。

2. 确定所用原料种类

根据原料的数量、质量和价格等，确定或限制一些原料的用量。用量较多的玉米、燕麦和豆粕等可不限量，其他原料的用量应尽可能地加以限制，方便以后的计算。矿物质总用量（主要是骨粉、石粉、食盐等）可控制在1%～2%，小麦麸适口性好，具有蓬松和适度的倾泻作用，一般占日粮的5%～20%。鱼粉价格较高，一般用量有限。大麦单独饲喂可引起驴的急性腹痛，应与其他原料搭配并限制用量。亚麻籽粉加热处理后饲喂驴可使其毛色光亮，可少量饲喂。另外，应注意驴的赖氨酸的供给，特别是在日粮中使用含赖氨酸量较低的原料数量较多时，如添加玉米、向日葵粉等原料较多时。

3. 形成初拟配方

初拟配方只考虑能量或粗蛋白质的需要。

4. 调整配方

在初拟配方的基础上，进一步调整钙、磷、氨基酸的含量，首先用含磷高的饲料（如骨粉、脱氟磷酸钙）调整磷的含量，再用不含磷而含钙的饲料（如石粉或贝壳粉）调整钙的含量。

5. 调整百分含量

主要矿物质饲料的用量确定后，再调整初拟配方的百分含量。

6. 调整微量元素和维生素

最后补加（不考虑饲料的百分数）微量元素和多种维生素。

【生产经验】

1.5岁的驴驹，体重170 kg，预计日增重0.1 kg，为其设计日粮配方。

一、查饲养标准

根据驴驹年龄、体重和日增重查饲养标准，获得该饲养阶段驴的营养需要见表3-2。

表 3-2　体重 170 kg 1.5 岁驴营养需要

年龄	体重/kg	日增重/kg	日采食干物质量/kg	消化能/(MJ/kg)	可消化蛋白质/g	钙/g	磷/g	胡萝卜素/mg
1.5 岁	170	0.1	2.5	27.13	136	8.8	5.6	11

二、选用饲料原料

假设可以选用的饲料原料有苜蓿干草、玉米秸、谷草、玉米、麦麸、大豆饼、磷酸氢钙、石灰石粉、食盐及添加剂等。

三、查所选各种饲料原料的营养物质含量

由驴常用饲料及其营养价值表查出所选各原料营养价值见表 3-3。

表 3-3　驴常用饲料及其营养价值

原料	干物质/%	消化能/(MJ/kg)	可消化蛋白质		钙		磷		胡萝卜素/mg
			/%	/g	/%	/g	/%	/g	
苜蓿干草	91.1	5.57	12.7	127.26	1.7	17.4	0.22	2.2	45
玉米秸	79.4	3.77	1.7	17	0.8	8.2	0.5	5	5
谷草	86.5	4.1	1.2	11.95	0.4	3.5	0.2	1.8	2
玉米	88.4	16.28	6.33	63.3	0	0.9	0.24	2.4	4.7
麦麸	86.5	8.87	14	140.043	0.13	1.2	1	0.07	4
大豆饼	86.5	13.98	38.9	389.87	0.5	4.9	0.78	7.8	0.2
磷酸氢钙					23.2	232	18.6	186	
石灰石粉					33.89	228.9			

四、初拟配方

1. 只考虑满足驴能量和粗蛋白质的需要，初步确定各原料的比例

为了最后日粮平衡的需要，一般为矿物质饲料和维生素补充料预留 1%～2%。初步确定各原料所占比例及其能量和蛋白质含量见表 3-4(本例预留 1%的比例)。

表 3-4　各原料所占比例及其能量和蛋白质含量

原料	干物质 比例/%	干物质 采食量/kg	风干物质 采食量/kg	消化能/ (MJ/kg)	可消化 蛋白质/g
苜蓿干草	2	2.5×2%=0.05	0.05÷0.911=0.06	0.28	7.64
玉米秸	24	2.5×24%=0.6	0.6÷0.794=0.76	2.87	12.92
谷草	22	2.5×22%=0.55	0.55÷0.865=0.64	2.62	7.65
玉米	44	2.5×44%=1.1	1.1÷0.884=1.24	20.13	78.49
麦麸	2	2.5×2%=0.05	0.05÷0.865=0.06	0.53	8.43
大豆饼	5	2.5×5%=0.125	0.125÷0.865=0.15	2.1	58.48
预留	1	2.5×1%=0.025			
合计	100	2.5		28.58	173.61
标准	100	2.5		27.13	136
盈亏	0	0		+1.45	+37.61

注：表中各原料的比例是根据其营养特性、产地来源、价格和驴的消化生理特点是人为确定的，是否合理，应根据后续配出的配方中各营养物质是否平衡，尤其该配方在实际应用中的效果进行判断。

2. 基本调平配方中能量和蛋白质的需要

从表 3-4 可以看出，消化能和可消化粗蛋白质都已超过了标准，但可消化粗蛋白质超出的较多，应调低蛋白质含量多的原料用量，同时调高蛋白质含量低而能量不太低的原料，使配方的消化能和可消化粗蛋白质基本与标准相符，如果相差太大可再进行调整，直到与标准基本相符为止。初调后配方的能量和蛋白质含量见表 3-5。

表 3-5　初调后配方的能量和蛋白质含量

原料	干物质 比例/%	干物质 采食量/kg	风干物质 采食量/kg	消化能/ (MJ/kg)	可消化 蛋白质/g
苜蓿干草	2	2.5×2%=0.05	0.05÷0.911=0.06	0.28	7.64
玉米秸	24	2.5×24%=0.6	0.6÷0.794=0.76	2.87	12.92
谷草	25	2.5×25%=0.625	0.625÷0.865=0.72	2.95	8.6
玉米	44	2.5×44%=1.1	1.1÷0.884=1.24	20.13	78.49
麦麸	2	2.5×2%=0.05	0.05÷0.865=0.06	0.53	8.43
大豆饼	2	2.5×2%=0.05	0.05÷0.865=0.06	0.84	23.39

续表 3-5

原料	干物质比例/%	干物质采食量/kg	风干物质采食量/kg	消化能/(MJ/kg)	可消化蛋白质/g
预留	1	2.5×1%=0.025			
合计	100	2.5		27.74	139.47
标准	100	2.5		27.13	136
盈亏	0	0		+0.61	+3.47

3. 计算磷、钙、盐、胡萝卜素的添加量

初调后配方中各营养物质含量见表 3-6，由此表可以看出该配方不需要再添加磷酸氢钙和石灰石粉就可满足驴的需要。

食盐添加量一般为 10～20 g，本配方添加 18 g，根据不同饲料和不同季节，需调整食盐添加量(这只是个参考范围)。一般饲料中维生素含量不计算在内，所以日粮中应添加 11 mg 的胡萝卜素。

表 3-6　初调后配方中各营养物质含量

原料	干物质比例/%	干物质采食量/kg	风干物质采食量/kg	消化能/(MJ/kg)	可消化粗蛋白/g	钙/g	磷/g	胡萝卜素/mg
苜蓿干草	2	0.05	0.06	0.28	6.36	0.87	0.11	0
玉米秸	24	0.6	0.76	2.87	12.92	6.23	3.8	0
谷草	25	0.625	0.72	2.95	8.6	2.52	1.3	0
玉米	44	1.1	1.24	20.13	78.49	1.12	2.89	0
麦麸	2	0.05	0.06	0.53	8.43	0.08	0.06	0
大豆饼	2	0.05	0.06	0.84	23.39	0.29	0.47	0
食盐	0.72	0.018	0.018	0	0	0	0	0
维生素添加剂	0.28	0.007	0.007	0	0	0	0	0
合计	100	2.5		27.65	139.47	11.28	8.74	0
标准	100	2.5		27.13	136	8.8	5.6	11
盈亏				+0.52	+3.47	+2.48	+3.14	−11

五、设计日粮组成及配方

体重 170 kg，1.5 岁驴日粮组成及配方见表 3-7。

表 3-7　体重 170 kg 1.5 岁驴日粮组成及配方表

原料		干物质采食量/kg	日粮配方/%		精料补充料		粗饲料	
					原料数/%	所占比例/%	原料数/%	所占比例/%
粗饲料	苜蓿干草	0.06	2.05	52.65	0	0	2.05	3.89
	玉米秸	0.76	25.98		0	0	25.98	49.35
	谷草	0.72	24.62		0	0	24.62	46.76
精饲料	玉米	1.24	42.39	47.35	42.39	89.52	0	0
	麦麸	0.06	2.05		2.05	4.33	0	0
	大豆饼	0.06	2.05		2.05	4.33	0	0
添加剂	食盐	0.018	0.62		0.62	1.31	0	0
	维生素添加剂	0.007	0.24		0.24	0.51	0	0
合计		2.925	100		47.35	100	52.65	0

六、日粮配方分析

该日粮各营养物质含量基本上能满足生长驴每天增重 0.1 kg 的营养需要。但应注意：一是日粮的精料比例偏高（粗料、精料比为 53∶47），在具体使用时应注意驴是否适应；二是矿物质元素中，钙含量有点少（钙和磷的比例为 1.3∶1），若需完善可适当调低磷的含量（钙和磷的含量都能达到标准，但磷超出更多，钙磷比例不协调），也可适当提高钙含量；三是应用该配方饲喂驴时，首先将粗饲料（如苜蓿干草、玉米秸和谷草）按表 3-7 中的配方需要量铡短混匀，然后按日需要量将 52.65％粗饲料与 47.35％精料补充料混合成日粮喂驴。

【拓展知识】

不同用途的驴的日粮配方见表 3-8 至表 3-14。

表 3-8　种公驴的日粮配方

饲养阶段	日粮组成	日采食量/kg	所占比例/%
配种期	玉米	1.35	45
	麸皮	1.05	35
	黑豆	0.54	18
	骨粉	0.03	1
	食盐	0.03	1
	胡萝卜	2	—
	苜蓿	充分采食	—
	谷草	充分采食	—
非配种期	玉米	1.25	50
	麸皮	0.95	38
	黑豆	0.25	10
	骨粉	0.025	1
	食盐	0.025	1
	苜蓿	充分采食	—
	谷草	充分采食	—

表 3-9　母驴的日粮配方

饲养阶段	日粮组成	日采食量/kg	所占比例/%
妊娠期	玉米	1	50
	麸皮	0.76	38
	黑豆	0.2	10
	骨粉	0.02	1
	食盐	0.02	1
	苜蓿	充分采食	—
	谷草	充分采食	—
哺乳期	玉米	1	50
	麸皮	0.72	36
	黑豆	0.24	12

续表 3-9

饲养阶段	日粮组成	日采食量/kg	所占比例/%
	骨粉	0.02	1
	食盐	0.02	1
	苜蓿	充分采食	—
	谷草	充分采食	—

表 3-10 肉驴的日粮配方

日粮组成	日采食量/kg	所占比例/%
玉米	1.08	54
麸皮	0.9	45
食盐	0.02	1
苜蓿	充分采食	—
谷草	充分采食	—

表 3-11 母驴妊娠后 3 个月的日粮配方(体重 180 kg)

妊娠月份		消化能/(MJ/kg)	干物质日需要量/kg	参考配方
夏季	4 个月	14.4	2～2.4	1.1 kg 麦草+精料+1.3 kg 优质牧草+放牧
	5 个月	17.1	2～2.4	0.4 kg 麦草+精料+1.8 kg 优质牧草
	6 个月	18.6	2～2.4	2.2 kg 麦草+精料+放牧
冬季	9 个月	19.8	2.5～3.1	1.0 kg 麦草+精料+1.7 kg 优质牧草+放牧
	10 个月	20.7	2.5～3.1	0.4 kg 麦草+精料+2.2 kg 优质牧草
	11 个月	22.1	2.5～3.0	2.5 kg 干草+精料+放牧

注:优质干草为消化能 9 MJ/kg,精饲料的主要成分是蛋白质、维生素和矿物质添加剂,在干草水平下,日粮干物质比例以 90%计算。

表 3-12 1.5 岁生长肉驴的精料补充料配方

原料	配方 1	配方 2	配方 3	配方 4	配方 5
玉米/%	57.18	67	67	61	56.67
麦麸/%	15	3.2	2.2	12	14
棉籽粕/%	5	1.1	2	5	4.9

续表 3-12

原料	配方 1	配方 2	配方 3	配方 4	配方 5
菜籽粕/%	0	3	2	2.74	3
酒糟蛋白饲料/%	0	2	3	0	4
碳酸氢钙/%	1.3	1.95	2	0.94	1
石灰石粉/%	1.2	0.45	0.48	1	1.1
食盐/%	0.32	0.3	0.32	0.32	0.33
预混料/%	1	1	1	1	1
合计/%	100	100	100	100	100
消化能/(MJ/kg)	12.68	13.35	13.38	12.84	12.74
粗蛋白质/%	17.31	16.97	17.06	16.89	16.89
钙/%	0.8	0.67	0.67	0.65	0.69
磷/%	0.36	0.45	0.45	0.3	0.31
钠/%	0.15	0.13	0.15	0.14	0.15

表 3-13　2 岁生长肉驴的精料补充料配方

原料	配方 1	配方 2	配方 3	配方 4	配方 5
玉米/%	55	59	56	66	62.47
麦麸/%	20	15	20	10.3	11
豆粕/%	6.64	13	7.26	15.27	14
棉籽粕/%	5	4.76	5	0	5
菜籽粕/%	5	0	5	5	0
酒糟蛋白饲料/%	5	4.62	3.38	0	4
碳酸氢钙/%	0.93	1.2	0.93	1	1.1
石灰石粉/%	1.11	1.1	1.11	1.1	1.1
食盐/%	0.32	0.32	0.32	0.33	0.33
预混料/%	1	1	1	1	1
合计/%	100	100	100	100	100
消化能/(MJ/kg)	12.44	12.76	12.44	13.1	12.93
粗蛋白质/%	15.8	16.1	16.69	15.7	16.13

续表 3-13

原料	配方 1	配方 2	配方 3	配方 4	配方 5
钙/%	0.63	0.72	0.68	0.69	0.7
磷/%	0.31	0.33	0.31	0.31	0.32
钠/%	0.15	0.14	0.15	0.13	0.15

注:消化能控制在 12.6 MJ/kg 左右,粗蛋白质以 16%~18%为宜。

表 3-14 3 岁生长肉驴的精料补充料配方

原料	配方 1	配方 2	配方 3	配方 4	配方 5
玉米/%	42.12	51.52	74	70.49	65.3
麦麸/%	34	30	1.1	4	2.9
豆粕/%	2.6	4.88	4.6	1.5	3
棉籽粕/%	0	0	1	1	1
菜籽粕/%	0	0	0	1.33	0
鱼粉/%	0	0	4.78	3	0
豌豆/%	18	0	0	0	0
酒糟蛋白饲料/%	0	10.6	11	16.17	25
碳酸氢钙/%	0.8	0.7	1	0.3	0.5
石灰石粉/%	1.16	1.2	1.2	1.2	1.3
食盐/%	0.32	0.1	0.32	0.01	0
预混料/%	1	1	1	1	1
合计/%	100	100	100	100	100
消化能/(MJ/kg)	12.13	12.3	13.6	13.13	13.68
粗蛋白质/%	13.9	14.2	15.16	14.6	14.86
钙/%	0.6	0.65	0.9	0.7	0.64
磷/%	0.3	0.33	0.51	0.36	0.35
钠/%	0.15	0.15	0.27	0.18	0.2

注:精料补充料占日粮 30%,粗饲料占日粮 70%。由于各地饲草资源、气候条件和肉驴的本身状况不同,表中配方只能作为参考。

项目四

驴的饲养管理

任务一　母驴饲养管理

【预备知识】

饲养管理要求既要配合全价日粮和适宜的饲养方法，又要适应驴的消化生理及其对各种营养物质需要的特点。容积较大且含粗纤维不高的青绿多汁饲料、优质干草和各种谷物籽实及其加工的副产品是喂驴的基本饲料。要尽可能做到多种多样，只有保证各种营养物质都不缺少，才能把驴养好。把驴养得过肥，会使其丧失繁殖力，这是由于片面的、生理上营养价值不完全饲养而引起的。又如长期用缺乏全价营养的单一饲料喂驴，会导致驴食欲不振，甚至引起驴患上某种营养物质缺乏症。

一、饲喂

一般驴每日进食的饲料量为其体重的 2.0%～2.5%，测量体重最好的方法是用地磅，如果没有地磅，则可通过测量体尺估测体重。

除必须让驴有足够的采食和咀嚼时间、严格遵守“定时定量、少喂勤添”和“先粗后精”等原则外，还要保证草、料纯净，质地疏松，容易消化。混有杂质、毒草和发霉草料不能喂驴，否则会造成驴胃肠机能衰退，甚至引起炎症，造成食滞性胃扩张和肠道结症(便秘)。所以，将秸秆切短、水湿拌料喂驴效果较好。

只有正确地选择和利用饲料，合理地配合日粮，精心饲养，细致管理及合理使役等各方面紧密配合，才能把驴养好，并充分发挥其高效的生产性能。

饲喂的原则如下：

1. 分槽定位

应以驴的用途、性别、老幼、个性、采食快慢分槽定位，以免争食。哺乳母驴槽位要适当宽些，以便于驴驹哺乳和休息。

2. 按季饲喂

要按照不同季节确定不同饲喂次数，做到定时定量，先粗后精。冬季寒冷夜长，早、中、晚、夜喂 4 次，春、夏可增加到 5 次，秋季天气凉爽可减少到喂 3 次，每次饲喂时间和数量都要固定，使驴建立条件反射。驴每日饲喂总时间不少于 9～10 h。加强夜饲，前半夜以草为主，后半夜加喂精料。

3. 少喂勤添

饲喂要少喂勤添，因为驴的胃相对于身体而言容积不大。

4. 稳妥换料

变更饲料切忌太突然，至少要有一周的过渡期。如果想改变，每天改变不超过 1/4。

5. 充足饮水

饮水要充足，保证驴一直有新鲜而清洁的水可以饮用。

6. 定时清槽

用清洁的水定时冲洗食槽，食槽里不要留下剩余的食物，如果食槽里剩下食物，可能是因为饲喂过量，或是驴有问题，或是食物有问题，需要查明原因。

7. 运动有节

不要让驴刚吃完就运动，要留 2 h 的消化时间。运动后，也不要立刻喂驴，要留出 1 h 的时间让驴休息和恢复体力。

8. 夜间添草

在夜晚吃完饲料后给驴放点饲草，驴不要长时间无草可吃，时间限度是 8 h，如果驴没有可以咀嚼的东西，容易使驴罹患咬槽癖。

9. 定期护牙

要定期检查驴的牙齿，发现牙齿中出现尖锐的地方，需要用牙锉磨平，一来可以防止驴咬伤自己，二来可以有效地咀嚼食物。

10. 日常补饲

给驴增加喂给多汁饲料如喂苹果和胡萝卜，最好要切成片状，防止驴被噎住。这种多汁的饲料，对那些不爱采食的驴可以起到增加食欲的作用。

11. 饲料保管

饲料应保存于清洁干燥且防止啮齿动物啃咬的地方，干草要放置在上面有篷子防雨防晒且下面防潮的地方。

12. 补饲食盐

确保驴有盐吃，用盐砖或在饲料中添加盐的方法均可。

13. 定时驱虫

制定年度驱虫计划，为防止寄生虫产生抗药性，采取轮换使用驱虫药的方法。

14. 日常体检

每天检查驴的三项健康指标(体温、脉搏和呼吸)，尤其是种驴，要注意观察驴粪的形状、数量、粪球的润滑程度、排尿次数和尿的颜色等。定期检查驴的体况。

15. 规律运动

让驴有规律地运动或骑乘，或自由运动，或用遛驴机遛驴。

二、饮水

水占成年驴体重的60%以上，所占百分比取决于驴的年龄和状态。驴有水没有食物可以生存几周。驴一天分泌的消化液，再加呼吸和出汗会损失大量水分，因此饮水对驴十分重要。驴所饮用的水要干净，水温 8～12 ℃为好，宜饮流水、井水。饮用可以用水桶，也可以用自动饮水器。

1. 饮水原则

(1)舍饲驴要总能饮到清洁的水，并保持饮水槽(或桶)卫生。

(2)可在饲喂前给驴饮水。

(3)在驴饮用大量的水后，不要让驴做剧烈的运动。

(4)繁重的使役后，不要立即饮用，要休息一定时间后，再给驴少量的饮水，大约是每一刻钟 2.5 L，直到饮足为止。

(5)若使用自动饮水器,每天都要检查自动饮水器是否正常工作。

2. 日常饮水管理

必须保证驴能及时饮到足够的水。但在运动或使役后驴体发热出汗时,不可即饮,俗称热饮易炸肺。应使其充分休息,等汗干、呼吸平稳时方可饮水。饮水时要使其慢饮喝足,防止暴饮。否则喝得太急太快,对心脏机能有不良的影响,并破坏消化能力,甚至引起腹痛。饮水要定时,严格遵守饲养管理日程和制度。对于已经建立并已经习惯了的饲养管理程序,不要轻易改变。如果必须改变,也应逐渐过渡,不可骤然改变。忽视这一点,轻则降低饲养管理的效果,重则引起疾病。

【技术操作】

防止流产,保证胎儿的正常发育和产后泌乳,是母驴妊娠阶段饲养管理工作的重要任务。除疾病可引起流产外,驴的流产容易发生在妊娠后 1 个月内,这一时期胚胎游离于子宫,对孕驴要停止使役,给予全价日粮;而妊娠后期的流产,多因天气变化、吃霜草、吃霉变饲料,或因使役不当造成,所以应加强饲养管理。

1. 妊娠早期

日粮蛋白质水平要求为 11%左右,在妊娠早期可以喂给高质量的干草或牧草,同时给少量的精料。如果精料所含的蛋白质为 16%,饲草所含的蛋白质为 10%以上,精料占日粮的比例为 20%,饲草占日粮的 80%,那么整个日粮所含的蛋白质为:

20%精料×16%蛋白质+80%饲草×10%蛋白质=11.2%蛋白质

妊娠前 6 个月,胎儿增重缓慢,营养要重视质量,数量上增加不大,可增加蛋白质饲料,选喂优质饲草,尽量放牧饲养,既加强了运动,又摄取了各种必需的营养。

2. 妊娠后期

整个妊娠期最重要的时期就是妊娠最后的 90 d,这是胚胎增长速度最快的时期。胎儿体重 60%~65%是在最后 90 d 形成的。妊娠 7 个月后,胎儿增重很快,营养要质量和数量并重,同步加强。妊娠后半期,日粮种类要多样化,要满足胎儿对大量的蛋白质、矿物质和维生素的需要，要补充青绿多汁饲料，减少玉米能量饲料，使日粮饲料质地松软，轻泻易消化。种驴场的母驴，妊娠后期缺少优质饲草和青绿饲料，精料单纯，加上不使役、不运动，易患产前不吃症，其实质是因肝脏机能失调，形成高血脂、脂肪肝，有毒的代谢产物排泄不出去，往往会造成死亡。

产前 15 d，母驴应停止使役，移入产房，专人管理，单独喂养，饲料总量应减少 1/3，每天喂 4～5 次，母驴每天仍要适当运动，以促进其消化。

母驴分娩后，都不舔新生驴驹身上的黏液，接产人员应首先掐断脐带，用碘酊消毒，然后擦干驴驹身上的黏液，待驴驹站起，马上辅助它吃初乳。产后母驴胎衣 1 h 即可完全排出，要及时消毒外阴，此时母驴体弱口渴，可先饮水或小米粥，外加 0.5%～1%的食盐。

产后 1～2 周内，要控制母驴的草料喂量，做到逐渐增加，10 d 后恢复正常。母驴产后 1 个月内不要使役，其产房要有良好的条件，要求保暖、防寒，褥草要厚，要干净，做到及时更换。

妊娠母驴对外界环境比较敏感，不合理的饲养管理往往会造成流产或胎儿发育受阻。因此，正确管理好母驴，使饲养、繁殖、使役三者密切配合好，是非常必要的。一般建议在整个妊娠期日粮蛋白质的水平应该为 12%。妊娠驴精料提供的蛋白质为 16%，那么干草或牧草在妊娠期应提供至少 10%（最好 11%～12%）的蛋白质。妊娠期的最后 90 d 的蛋白质要求为：

30%精料×16%蛋白质＋70%饲草×10%蛋白质＝11.8%的蛋白质

妊娠母驴和哺乳母驴要求高质量蛋白质的目的是胎儿发育和泌乳需要。在妊娠期的最后 90 d，妊娠母驴应当与空怀母驴分开饲养。如果所有的妊娠母驴都喂给同一种精料，应制订计划让所有的驴都能公平地吃到饲料，这一管理措施同样对哺乳母驴也十分重要。

【生产经验】

各种不良的生活条件，都能影响母驴的繁殖力，尤以营养不足和使役过重所造成的瘦弱影响最大。

春季母驴一般膘情较差，只有加强营养，减轻使役强度，使母驴保持有中等膘度，才有利于发情、配种和受胎。有的母驴长期饲养在阴暗潮湿的厩舍里，运动不足，缺乏阳光，加上喂给劣质干草，缺乏多汁饲料，形成矿物质和维生素不足，往往会引起生殖机能紊乱，出现发情不正常现象。为使母驴正常发情，应改进母驴的饲养管理，合理配合日粮，做到饲料多样化，特别应喂给足量的蛋白质、维生素和矿物质饲料。

从冬季开始就应喂好母驴，饮水要充足，按要求喂盐，可补饲少许青贮饲料，并要暖圈过冬，使母驴保持中上等膘，以利于春季发情。

有的母驴不参加使役，运动不足，而又喂给大量精料，造成母驴过肥，也会造成长期不发情。舍饲的种用母驴，不使役，不运动，营养过剩，脂肪沉积在卵巢外，不利于繁殖，应加强运动和限食，使其恢复繁殖能力。配种前 1 个月，对空怀母驴应进行普查，发现有生殖疾患或繁殖障碍的母驴要及时治疗。

【拓展知识】

对哺乳母驴，既要满足其泌乳，又要保证其在发情、排卵、受胎阶段所必备的体况，合适的营养对哺乳母驴来说是非常关键的。如果母驴吃的饲料存在能量、蛋白质、维生素、矿物质等营养元素不足，乳的生产将下降，配种受胎能力也会降低，可能当年配不上。根据母驴泌乳所需，产后 3 个月内的精料和蛋白质占总日粮的比例，比产后 4～6 个月要高，哺乳母驴饮水要充足。哺乳母驴应该减少运动，日常多休息，以便让驴驹充分哺乳。繁殖上要抓住第一个发情期的配种工作，否则受哺乳影响，发情不好，母驴不易配种受孕。

1. 哺乳期前 3 个月

与妊娠后 90 d 相比，哺乳期前 3 个月的采食量增加，可消化能也需要增加。在哺乳期前 3 个月，母驴精料进食应占每日总进食量的 45%～55%。精料的进食量是变化的，主要取决于干草或牧草的质量，母驴的产奶量、母驴的体况或其他因素。在哺乳期前 3 个月，母驴的总日粮应该含有至少 12.5%的蛋白质。许多人喜欢用 14%的蛋白质，高的蛋白质水平对于高产奶量的母驴比较安全。配方中精料的蛋白质含量在 16%以上，如果精料占总日粮的一半，那么干草或牧草必须含有 10%以上的蛋白质，才能保证总日粮中含有 13%的蛋白质水平。由于干草或牧草在蛋白质水平和消化能上的变化较大，所以一定要强调日粮中干草质量的重要性。如果想要比日粮中的矿物质还要多的话，可以采用自由采食矿物质的方式。此时的蛋白质要求为：

50％精料×16％蛋白质＋50％饲草×10％蛋白质＝13％蛋白质

2. 哺乳期后 3 个月

哺乳期的第 3 个月到断奶期母驴的饲养。在这个时期，产奶量减少到产后前 3 个月产奶量的 2/3。因此，母驴的采食量也有一定程度的降低。在这一时期，驴驹开始吃较多的驴驹补料、干草或牧草。因此，驴驹对母乳的依赖性降低。母驴所采食的精料量也降低到总进食日粮的 30％～40％。这个水平的精料进食只作为一个指导，可能有变动，主要取决于驴的体况、饲草的质量和泌乳的水平等。

虽然其他的饲料或日粮可以用，但是一般哺乳母驴的精料配方也可以作为哺乳期后 3 个月时用。在这个时期母驴的总日粮中蛋白质的进食应不低于 1％，然而更多的人喜欢 12％～12.5％的蛋白质水平。这对于一个产奶量高的母驴来说比较安全。它可以补偿由于饲草质量较低所带来的蛋白质水平的降低。此时的蛋白质要求为：

35％精料×16％蛋白质＋65％饲草×10％蛋白质＝12.1％蛋白质

如果按照泌乳母驴日粮配方，精料占日采食量的 1/3(如 35％)，那么干草或牧草所含的蛋白质至少应在 10％以上，只有这样才能提供总日粮中 12％的蛋白质。干草或牧草在蛋白质和消化能上变化较大，因此确定干草或牧草含有足够量的高质量蛋白质是非常重要的。如果需增加矿物质，驴舍应设置矿物质舔砖或添加剂以便驴自由采食。

任务二　驴驹饲养管理

【预备知识】

新生驴驹对外界环境适应能力差，需要给予良好的饲养和精心的照料。研究表明，营养缺乏时，特别是在出生 1 个月之后，驴驹对母乳的消化能力往往是不足的。可消化蛋白在整个哺乳期也可能是不足的，在哺乳后期尤其突出。乳中钙和磷的缺乏，主要是磷元素缺乏的较多。驴奶中也会缺铁和铜，如果只靠母乳，驴驹可能患贫血症。驴奶中的其他营养成分，如脂肪、钠、钾在哺乳期也会随泌乳时间一直下降，因此需要给驴驹一个良好的补饲计划。表 4-1 是哺乳驴驹的完全补充料配方。

表 4-1　哺乳驴驹的完全补充料配方

原料	完全补充料含量/%
燕麦(压扁)	15.0
燕麦片(去壳)	20.0
玉米、大麦、高粱或混合物(压扁)	35.4
大豆粕	15.0
脱脂奶粉	5.0
糖蜜	5.0
碳酸氢钙	2.0
石灰石粉	0.8
盐、微量矿物质 A	1.0
维生素添加剂 A	0.8
日粮蛋白质	18.0
钙	0.9
磷	0.8

驴驹出生后 10～15 d 即能随母驴吃一些饲料。在前期(1～3 月龄)，驴驹消化机能弱，适应性差，应以母乳为主，补饲为辅。到后期(3～6 月龄)，母驴泌乳量降低，要对驴驹加强补饲。驴驹补饲以单槽为好，不让母驴与其争食，应多给品质好、易消化的饲料。前期可以将燕麦、麸皮、小米等调成糊状任其舔食；后期可以相应增加玉米、高粱、豆饼等的给量。有条件放牧的，可以随母驴在草地放牧。

【技术操作】

良好的饲养管理是驴驹培育的基础和前提。根据驴驹生长发育规律，提供科学合理的饲养管理方式，促使驴驹得到良好的发育是驴驹饲养管理的主要任务。

适时断奶。全价营养是培育断奶驴驹的重要技术，驴驹一般在6～7月龄时断奶。断奶意味着驴驹从哺乳过渡到独立生活，加之断奶不久又到严寒季节，故必须保证断奶驴驹的饲养和护理工作。表4-2是断奶驴驹精料配方。

表4-2 断奶驴驹精料配方

原料	精料成分/%
燕麦（压扁）	25.0
玉米、大麦、高粱或混合物（压扁）	30.85
高粱（或玉米、大麦）（压扁）	7.0
大豆粕	23.2
苜蓿草粉（20%蛋白质）	5.0
糖蜜	5.0
维生素添加剂	0.7
磷酸氢钙	2.0
石灰石粉	0.25
盐、矿物质添加剂	1.0

断奶后第一年驴驹处于迅速生长阶段，燕麦对于年幼的、生长期的驴驹是一种非常好的饲料。玉米、高粱和大麦主要用于满足能量上的需要。大豆粕是用于年幼、生长驴日粮的最好的蛋白质补充料，其赖氨酸含量很高，因此对断奶驴驹是非常重要的。这种必需赖氨酸在其他的蛋白质补充料（如亚麻籽粕、花生粉、向日葵籽粕）中非常低。断奶驴驹可以利用5%的脱水苜蓿草粉，其中含有很多的营养成分。糖蜜用于提高适口性和降低粉尘。如果断奶驴驹需要更多的矿物质，可以采取自由采食的办法。

驴驹的饮水要干净，充足，有条件的可在牧地放牧或在田间放留茬地，驴驹的运动有利于增进其健康。

【生产经验】

1岁以内是驴驹出生后生长最快的时期，必须给予全价营养来满足驴驹正常的生长发育。表4-3是1周岁驴驹精料配方。

表 4-3　1 周岁驴驹精料配方

原料	精料成分/%
燕麦(压扁)	15.0
玉米、大麦、高粱或混合物(压扁)	38.1
高粱(或玉米、大麦)(压扁)	14.0
大豆粕	13.0
亚麻籽粕	6.0
苜蓿草粉(20%蛋白质)	5.0
糖蜜	5.0
维生素添加剂	0.7
磷酸氢钙	2.2
盐、矿物质添加剂	1.0

注:如果饲料的营养物质有变动,请调至蛋白质为 16%、钙为 0.8%、磷为 0.65%。

喂给 1 周岁驴驹的日粮应一半为精料,一半为饲草。由于精料中蛋白质的含量为 16%,所以饲草中必须提供至少 10%的蛋白质,这样才能使整个日粮中的蛋白质含量为 13%～14%。1 周岁驴驹的精料配方中,蛋白质、钙和磷都比断奶驴驹需要的量要低,配有的燕麦和大豆粕的数量相对较少。此时的蛋白质要求为:

50%精料×16%蛋白质+50%饲草×10%蛋白质=13.0%蛋白质

【拓展知识】

1～2 岁驴驹所要求的蛋白质、钙和磷比 1 周岁要少。吃更多的饲草,饲草占整个日粮的 60%,精料占 40%。其配方可使用 1 周岁驴驹的精料配方。唯一不同的是精料用量变少。此时的蛋白质要求为:

40%精料×16%蛋白质+60%饲草×10%蛋白质=12.4%蛋白质

对断奶驴驹、1 周岁驴驹、1～2 岁驴驹在精料中都可以加 5%～10%的脂肪。玉米可以代替 5%～10%的燕麦。但是,过量喂给谷物可能引起消化道功能紊乱。

要注意,随着年龄的增长,要相应增加精料,尤其 1.5～2 岁性成熟时,喂给该生长阶段驴的精料量不应低于成年驴，同时对于公驹还要额外增加15%～20%的精料，精料中要含30%左右的蛋白质；管理上要重视驴驹饮水，多运动，多晒太阳，冬季要防寒保暖。在缺硒地区，应给驴驹补硒（如注射亚硒酸钠）。

1.5岁的公母驴驹要分开饲养，防止偷配，不作种用的公驹要及时去势，开春和晚秋各进行1次防疫、检疫和驱虫工作。

任务三 种公驴饲养管理

【预备知识】

1. 放牧

放牧是适合驴生物学特性的一种重要措施，符合自然规律。驴在放牧场自由采食营养高、易消化的青饲料，享受充足的阳光、空气，适当的运动，可以增进食欲，加强新陈代谢，增强体质。所以有放牧条件的农牧场，应当有计划地结合舍饲进行放牧饲养。对于使役的驴，白天如无时间放牧，也可以组织夜牧，放牧的方法和制度、牧草成分及其营养价值与放牧技术，对提高驴的体况和膘情有较大影响。无计划和不熟练的放牧，会使优良牧草遭受破坏，正确的放牧，不仅能改善草的质量，还可以提高牧草的利用率和产草量。最好是采用划区轮牧的方法，即每区经采食后，过三四周的时间再放牧，这样对保证驴群营养和牧草再生都有利。

2. 运动

运动能促进血液循环、消化及呼吸机能，增强驴的体质，提高生产能力。繁殖用驴和育成驴，每天应在运动场上自由运动，还应有一定时间的正规运动。种公驴和后备种公驴按品种类型进行骑乘或挽车运动；育成驴和繁殖母驴可以进行驱赶运动。运动的强度，要因品种、年龄和个体有所不同，基本上应与饲养水平相当，以略微出汗为度。在较好的饲养条件下，驴的运动时间和强度需相应地增加，对贫乏饲养或营养不良的驴，应降低运动强度，增加自由运动的时间。

【技术操作】

一、厩舍卫生管理

应保持厩舍内干燥，适宜的湿度为50%～70%。厩舍内过于潮湿，细菌易繁殖，驴易染疾病和蹄病。如遇湿热、散热受阻，代谢降低，食欲废退，持续时间长会增加患热射病可能；若为潮湿寒冷，消耗体热过多，易患感冒等。厩舍内最适宜的温度为20 ℃，因此要注意冬季防寒、夏季防暑的问题，即使在冬季厩舍内最低温度也应为3～6 ℃，但最好在8～10 ℃及以上。厩舍内通风换气要好，尤其是夏季，驴的粪尿、褥草腐败分解会产生氨和硫化氢，有害气体在厩舍内积蓄多了会引起驴中毒，再则换气不好，厩舍内氧容量减少，二氧化碳增多，也会影响驴的健康。

此外，厩舍内还应有良好的采光性，有利于厩舍的干燥，以及驴的钙质代谢和神经活动。经常打扫厩舍、更换褥草、保持清洁也是日常管理不可忽视的工作。

二、刷拭

刷拭很重要，俗语云“三刷两扫，等于一饱”。刷拭可以清洁驴的皮毛，清除皮垢，促进血液循环，有利于散热、排汗，并有增进皮肤呼吸代谢的作用，还可以及时发现外伤，及时治疗。使役驴使役前后应刷拭，种公驴每天要刷拭1～2次。刷拭应按从前到后，由上而下，先左后右的顺序进行。

三、护蹄

蹄是驴负重和运动的重要器官。蹄的好坏密切关系到驴役用能力的发挥，必须经常注意和加强蹄的护理工作，维持蹄的正常机能，预防蹄变形和蹄病。

1. 平时护理

要有比较合理的厩床。厩床过于潮湿，易使蹄质松软变形，多变成广蹄；地面过于干燥，易发生裂蹄。若驴蹄经常踏着粪尿，易使蹄腐烂。因此，厩床地面以三合土或自然土地为宜，并应整平夯实，能使蹄角质吸收一定的水分，保持应有的弹性。

2. 削蹄

驴蹄在与地面接触磨损的同时，又不断地生长，其生长的速度一般比磨损快些，每月增长 5～9 mm。如长期不削，生长得太长，不仅会造成运动不便，降低运动能力，还会使蹄变形。一般每 4～6 周应当削蹄 1 次。

3. 装蹄铁

装蹄铁是在正确削蹄的基础上进行的。应选择大小适当的蹄铁，修正合适，使蹄铁钉孔的位置和负缘一致，令其位于白线的外侧，然后进行蹄铁装钉。蹄钉向外穿出蹄壁，在负缘上外侧 2～3 cm 处排成一列，每侧一般装 3～4 个蹄钉。露出的钉端须加弯曲紧贴蹄壁，最后锉平负缘即可。使役的驴通常应装蹄铁。

四、饲养

配种期的种公驴饲养以精料为主，应占日粮的 50%～70%，蛋白质保持在 13%～14%，纤维素在 25%以下。由于驴的精液形成需大量蛋白质，配种任务重的公驴应饲喂动物性蛋白质饲料（如牛奶、鸡蛋）和补充矿物质、维生素。为了提高精液品质，应给种公驴饲喂品质良好的禾本科或豆科干草，有条件的地方可喂青刈饲草（如苜蓿）以代替部分干草。

在配种季节开始的前 2～3 周，喂给公驴的精料就应增加，这样可能导致公驴的体重略有增加。精料比例主要受下列因素影响：不同公驴个体体况、青干草的质量和精料中含能量多少的差异。多数的精料都是用来满足驴能量上的需要，能量低的精料喂量就大，反之能量高的饲料需要的喂量就少，但应始终记住驴每日进食的总量是有限的。饲喂的精料和青干草的比例应相等，即各占 50%，根据经验，一般按照 100 kg 体重的，喂给 1 kg 精料，余下的喂青干草或放牧。

精料喂量的多少不是一成不变的，主要取决于以下因素：青干草的质量、公驴的体况、每周配种的次数等。如青干草的质量很好，叶子较多，豆科和禾本科各占一半，蛋白质含量大于 10%，就可以少喂一些精料；如公驴有一些发胖，体重增加，就应减少精料的喂量，反之公驴变瘦，就应增加精料的喂量；同样每周配种次数较少，精料的量也就相应减少。每当喂驴以后要观察驴是否都将饲料吃完，如果有剩料，要查明原因。吃剩的饲料要按时清除，以防发霉变质。在观察驴采食的同时，也要勤于测量公驴体重的变化。

五、配种期管理

1. 加强运动锻炼，提高精液品质

充足而有规律的运动，可增强精子活力，延长精子存活时间，提高精子的抗力。在较好的营养条件下，如果不给予充足的运动，就容易引起公驴过肥，食欲不振，体质虚弱，甚至患阳痿病。

种公驴的运动量是否合适，主要应从以下情况判定：是否经常保持中上等膘，肌肉坚实，运步是否平稳；公驴是否只轻微出汗而不流大汗；体温、脉搏、呼吸数经 20 min 是否可恢复正常。符合上述要求，即为运动量适合。

对易兴奋的公驴要减轻运动量，运动完毕放入围墙高的运动场内，减少外界的干扰，令其自由安静地休息。

对贪食、过肥的公驴，要适当地减少饲料量，控制干草量，逐渐增加运动量，使其下降到中等膘度。不减料，又不运动，则容易患胃肠病。天热时，要抓早晚两头运动。老年种驴，要减少运动，最好进行放牧运动或自由运动以保持一定的膘度。

早春时必须加强运动。生产实践证明，日粮、运动和采精三者密切配合，对有效利用公驴有良好作用。种公驴应养在宽敞、阳光充足、通风良好的厩舍内，任其活动和休息，绝不可拴在厩内，也不可长时间拴在桩上。

2. 合理配种

配种期前 1 个月为公驴配种准备期，要增加营养，检验精液品质，积极改进，直到合格为止。青年公驴此时也应做好配种和采精的训练，配种结束后公驴进入恢复期，应增加青饲料和放牧，然后进入增健期，逐步增加精料和运动量。

壮龄公驴配种期每天可配种 1 次，1 周允许有 2 d 是配种 2 次，时间间隔为 8 h，年轻公驴每天不超过 1 次。每天均应按严格的工作程序进行，不宜轻易变动作息时间。配种过度会造成阳痿，精液品质下降，受胎率降低，公驴使用年限缩短等。

3. 合理调教

配种时注意保持安静，避免神经不良刺激，否则会造成公驴性反射衰弱，交配时不能勃起或不能射精。平时管理公驴要耐心，不可粗暴，以免性抑制或养成恶癖。

【生产经验】

一、营养管理

种公驴在非配种期，精料应占其日粮的 40%～50%，蛋白质保持在 10%。此期可适当减少豆科类饲料的给量，增加易消化的碳水化合物含量丰富的饲料，注意矿物质、维生素的补充。如能在牧地放牧，对种公驴的恢复和增健将有着重要意义。

公驴在非配种期，高质量的牧草应该占其日粮的最主要部分。如果日粮中的矿物质不足，也应该让公驴能够自由采食矿物质。公驴应该饮充足清洁且新鲜的水。如果牧草不足，还要提供高质量的多叶干草。精料应该是少量的，是用来补充饲草的，目的是使公驴结实健壮。妊娠母驴的精料可以用于非繁殖公驴的精料日粮参考。

种公驴在配种结束后，需要有一定恢复与调整体力的时期。恢复期可以大量减料，比配种期减少 1/3～1/2，增加青饲和放牧，相应地减少运动的强度和运动时间，增加自由运动。对个别瘦弱公驴要专人精心喂养，一般 1～2 个月即可完全恢复体力。

种公驴体力恢复后，即为增进种驴健康与锻炼体质时期。这个时期的养护，主要是通过作业，锻炼种驴体质，要注意逐渐增加精料量，逐步增加作业量，达到中等劳役强度，经常检查种驴健康情况，防止伤害和过劳。挽车和骑乘可以达到锻炼体质的目的。

配种准备期，为了正确地判定种公驴的配种能力，根据历年公驴的配种成绩、膘情以及精液品质等，在配种前 1 个月要对每头种公驴进行精液品质检查。连续检查 3 次(隔 24 h 一次)，如发现精液品质不合格，要找出原因，在积极改善饲养管理的基础上，经 10～15 d 后再进行检查，直到符合标准为止。

配种前，对所有的种公驴(特别是第1次参加配种的青年公驴)，必须做好配种和采精训练工作，以免配种时发生拒配或交配不射精等现象。

对有恶癖和性情暴烈的公驴，应细心调教，使它配合交配采精。

对特别优秀的老年公驴，为了延长其配种利用年限，充分发挥其配种能力，应多加保护，精心管理，经常检查牙齿，适当调制精料，增饲青绿多汁饲料，以调整胃肠，增强消化能力。还应适当减少运动时间和运动强度，并考虑减少配种次数。

二、体况管理

1. 单独饲养

这一点在舍饲的情况下容易做到，而在放牧的情况下较困难。即按照体重、体况等决定喂饲的多少。“日粮占驴体重的百分比”中的“日粮”一般指干物质重量，如果是风干物质需再除以含干物质的百分比。

2. 定期评定

每个月都要称量体重，如果没有地秤，可以用体尺(胸围)来估测。定期对公驴的体况进行评分，一般以6～7分为好。

3. 合理饲喂，及时调整

如果每日精料的喂量超过公驴体重0.5%，就应分2次或2次以上饲喂，实际生产中一般喂3次或4次。在24 h内，饲喂的时间间隔平分合理，饲喂时间固定，可以减少由于饲养引起的疾病和咬槽恶癖发生。

4. 循序进行日粮变更

变更公驴的饲料应该是逐渐过渡的，以免引起其胃肠功能紊乱，导致公驴体况下降，造成精液品质下降。

5. 日常饲喂

(1)非配种季节　公驴在非配种季节吃高质量的干草或自由放牧就能保持很好的体况，典型的禾本科干草每日采食量占体重的1.75%～2.0%(或者自由采食)。如果饲喂高质量的苜蓿，采食量相对降低，一般每天饲喂量占体重的1.5%～1.75%。

(2)配种季节　公驴需要精料和饲草混合饲喂，每天饲喂量占体重的

1.5%～2.5%。选择精料时要注意既能保持公驴体重稳定又能保证公驴的繁殖活动，能够满足蛋白质、矿物质和维生素的需要。

6. 草料质量

青干草和饲料的质量一定要好，没有发霉、变质的现象，并提供自由采食的矿物质和足够量的新鲜饮水，这一点对饲养各类驴都是非常重要的。

7. 劳逸结合

注意营养、配种和运动三者的辩证关系。配种增加，营养需要增加；配种减少，营养也减少。营养增加，配种不增，运动量就要适当增加。

8. 体况控制

为了防止公驴腹部过大，对青、粗饲料应限量喂给。

三、种公驴保健

1. 提高精液品质

用热水浸泡的黄米或黄小米等精料喂驴，对增强公驴性欲和提高精液品质都有良好作用，牛奶、鸡蛋等动物性饲料也可以提高精液品质。

2. 牙齿日常检查

牙齿的状况对驴咀嚼的效率有很大的影响：有大凸起的臼齿和尖钩牙的驴将会花费大量时间咀嚼饲料，并且其咀嚼效率比那些具有平臼齿的驴更低。饲养者应该密切关注驴的牙齿，尤其是那些超过 5 岁、具有恒齿的驴。部分咀嚼的饲料从嘴里喷出和粪便中含有长纤维或精饲料都是出现口腔问题的前兆。

3. 牙齿护理

驴的牙齿应该由专业的具有兽医资格的医生进行每年至少一次的打磨，并且驴随着年龄的增长，要增加其牙齿的打磨频率。把工作驴带到流动诊所检查口腔，应是常规兽医检查中必不可少的部分。花 5～10 min 的时间给驴打磨牙齿，可以给驴的生活质量带来不可估量的改善。在购买或者收养驴时应对牙齿状况进行检查并记录，也可为以后检查提供基本的对照。

【拓展知识】

保持种公驴体质健壮、性欲旺盛、精液品质优良，对提高母驴受胎率，并获得品质优良的驴驹具有重要意义。因此，种公驴必须经常保持种用体况，达到中等以上的膘度，体质坚实。过肥或过瘦，都将使公驴的性欲衰退，精液品质变差。

关于种公驴的营养需要研究较少。但是热能对促进公驴性器官发育、早熟有很大关系。日粮热能不足，会导致未成年公驴睾丸、附性腺发育异常，因而推迟性成熟。如果驴的日粮热能不足，也会降低成年公驴的性欲和精液品质。当然日粮热能也不可过高，过高也会降低公驴性欲，神经迟钝，肥胖臃肿，不利于配种。

一般认为公驴所需能量比维持需要高出 20%。蛋白质的质量和水平，以及矿物质(尤以钙、磷重要)、维生素(特别是维生素 A、维生素 D、维生素 K)也要能够满足需要，这将会直接影响精液的品质。

一般大型公驴在非配种期，每天饲喂谷草或优质干草 5～6 kg，精料 1.5～2.0 kg；中型公驴每日喂干草 3～4 kg，精料 1.0～1.5 kg。进入配种期前 1 个月，公驴开始减草加料，达到配种期的日粮标准：大型驴谷草 3.5～4.0 kg，精料 2.3～3.5 kg，其中豆饼或豆类占 25%～30%。早春缺乏优质青干草时，每天应补充胡萝卜 1 kg 或大麦芽 0.5 kg。350 kg 的种公驴日粮配方见表 4-4。

表 4-4　350 kg 的种公驴日粮配方

原料	配种期			非配种期		
	配方 1	配方 2	配方 3	配方 1	配方 2	配方 3
大麦/kg	1	0	0	1.5	0	0
麸皮/kg	0.75	1	1	0.6	1	1
豆饼/kg	1	1	1	0.5	1	1
玉米/kg	0	0	1	0	0	1
高粱/kg	0	1	0	0	1	0
谷子/kg	1	0	0	0	0	0
精料小计/kg	3.75	3	3	2.6	3	3
青草/kg	0	0	10	0	0	0
胡萝卜/kg	2	2	0	2	2	2
食盐/g	50	50	50	30	30	30
骨粉/g	75	75	75	60	60	60
石粉/g	50	50	50	40	40	40

注：1. 配种旺季可以加鱼粉 50～80 g 或鸡蛋 3～5 个。

2. 小于 350 kg 的种公驴应减少草料饲喂量。

任务四　肉驴饲养管理

【预备知识】

一、育肥肉驴日粮管理

1. 育肥的各类饲料比例

饲喂肉驴日粮中粗饲料和精饲料的比例，可参考以下指标。

(1)育肥前期　粗饲料55%～65%，精饲料35%～45%。

(2)育肥中期　粗饲料45%左右，精饲料55%左右。

(3)育肥后期　粗饲料15%～25%，精饲料75%～85%。

2. 肉驴育肥的营养模式

肉驴在育肥全过程中，按营养水平可分为5种模式：一是高高型。从育肥开始至结束，全程高营养水平。二是中高型。育肥前期中等营养水平，后期高营养水平。三是低高型。育肥前期低营养水平，后期高营养水平。四是高低型。育肥前期高营养水平，后期低营养水平。五是高中型。育肥前期高营养水平，后期中等营养水平。

一般情况下，肉驴育肥采用前三种模式，特殊情况时才采用后两种模式。

3. 出栏体重与饲料利用率

出栏体重由市场需求确定。出栏体重不同，饲料消耗量和利用率也不同。一般规律是，驴的出栏体重越大，饲料利用率就越低。

4. 出栏体重与肉品质

同一品种中，肉品质与出栏体重有密切的关系。出栏体重小的驴肉品质不如出栏体重大的驴肉品质好。目前，我国尚无标准，生产中可参考牛的肉品质评价标准。

5. 补偿生长

驴在生长发育过程中，在某一阶段因某种原因，如饲料供应不足、饮水量不足、生活环境条件突变等，造成驴生长受阻，当驴的营养水平和环境条件适合或满足其生长发育条件时，促进驴的生长速度在一定时期内超过正常水平，把生长发育受阻阶段损失的体重弥补回来，并能追上或超过正常生长的水平，这种特性称为补偿生长。

能否利用补偿生长的原理达到节省饲料、节约饲养成本的目的，取决于驴生长受阻的阶段、程度等，即补偿生长是有条件的。运用得当可以大获其利，运用不当时，则会遭受较大损失。补偿生长的条件：一是生长受阻时间不能超过6个月；二是驴驹及胚胎期的生长受阻，补偿生长效果较差；三是初生至3月龄时所致的生长受阻，补偿生长效果不好。

6. 最佳育肥结束期

判断肉驴育肥最佳结束期，不仅有利于养驴者节约投入、降低成本，而且对保证驴肉品质有极重要的意义。一般有以下几种方法。

(1)饲料的采食量　在正常育肥期，肉驴的饲料采食量是有规律可循的，即绝对日采食量随育肥期的增重而下降。如果下降量达正常量的1/3或更少，例如按活重计算日采食量(以干物质为基础)的15%或更少，这时已达到育肥的最佳结束期。

(2)育肥肥度指数　用育肥的肥度指数来判断最佳育肥结束期，可参考肉牛的评价指标，即利用活驴体重与体高的比例关系来判断，指数越大，肥度越好，但不是无止境的。据报道，育肥的肥度指数以526为最佳，计算公式如下：

$$育肥肥度指数=(体重/体高)\times 100$$

(3)肉驴体型外貌　从肉驴体型外貌来判断检查。判断的标准为：脂肪沉积的部位是否有脂肪以及脂肪含量的多少；脂肪不多的部位的沉积脂肪是否厚实、均衡。

二、各生长阶段驴育肥营养管理

1. 驴驹育肥技术

驴育肥是否成功，取决于对育肥驴本身生产性能的选择、育肥期的饲养管理技术、饲养和环境条件、市场需求的质与量，以及经营者的决策水平。

(1)驴驹育肥的饲料　育肥前期日粮以优质精料、干粗料、青贮饲料、糟渣类饲料为主；育肥后期以生产品质优和产量高的驴肉为主要目标，提高胴体质量，增加瘦肉产量。

(2)驴驹育肥模式设计　驴驹育肥在设计增重速度时，要考虑3个方面，即胴体脂肪沉积适量、胴体体重较大和饲养成本低。因品种的不同，设计的增重速度也要不同。

(3)驴驹育肥管理技术　驴驹育肥时应群养，无运动场，任其自由采食，自由饮水，圈舍应每天清理粪便1次，及时驱除体内外寄生虫，进行防疫注射，使用增重剂或促生长剂。采用有顶棚、大敞口的圈舍或采用塑料薄膜暖棚圈舍技术；及时分群饲养，保证驴生长发育均匀；及时变换日粮，对个别贪食的驴限制采食，防止脂肪沉积过度，降低驴肉品质。

2. 青年驴育肥技术

(1)精料型育肥模式　实施精料型育肥模式必须考虑适宜的驴品种，这是实行短期育肥的重要条件，使用的驴品种要有较高的生产效益和生产利润；实施精料型育肥模式应以精饲料为主，粗饲料为辅；该育肥模式可以大规模推广，便于多养，满足不同档次的市场需要，同时应克服饲料价格、架子驴价格、技术水平和屠宰分割技术等限制因素。

(2)前粗后精育肥模式　前期多喂粗饲料，精饲料相对集中在育肥后期，这种育肥方式在生产中常被采用。前粗后精的育肥模式，可以充分发挥驴补偿生长的特点和优势，获得满意的育肥效果。

在精料型日粮中，粗饲料的功能是以促进驴胃肠蠕动为主，而在前粗后精型日粮中，粗饲料的功能是肉驴的主要营养来源之一。

因此，要特别重视粗饲料的饲喂。将多种粗饲料和多汁饲料混合饲喂，效果较好。前粗后精育肥模式中，前期一般为3～6个月，粗饲料占30％～50％；后期为8～9个月，粗饲料占20％。

(3)糟渣类饲料育肥模式　糟渣类饲料是肉驴饲养业中粗饲料的重要来源，合理地进行利用，可以大大降低肉驴的生产成本。糟渣类饲料可以占日粮总营养物质的35％～45％。糟渣类饲料在鲜重状态下具有含水量高、体表面积大、营养成分含量低、受原辅料变更影响大、不易贮藏、适口性好和价格低廉等特点。

饲喂肉驴时应注意：一是不宜把糟渣类饲料作为日粮的唯一粗饲料，应和干粗料、青贮料配合。二是长期使用酒糟时应在日粮中补充维生素A，每头驴每天补充1万～10万IU。三是糟渣类饲料应与其他饲料搅拌均匀后饲喂。四是糟渣类饲料应新鲜，发霉变质的糟渣类饲料不能使用。若需贮藏，则以窖贮效果为好。

(4)放牧育肥模式　在有可利用草场的地区，采用放牧育肥，也可收到良好的育肥效果。但也要合理组织，做好饲料补饲工作。一是合理利用草场，充分利用草场资源。南方可全年放牧，北方可在5—11月放牧，11月至翌年4月舍饲；二是合理分群，以草定群，依据草场资源性质合理分群，每头驴占20～30 m^2的草场。三是定期驱虫、防疫。四是补饲精料，保证充足饮水。放牧期间夜间补饲混合饲料，每头驴每天补饲混合精料量为活重的1%～1.5%，补饲后要保证充足饮水。

3. 成年架子驴的育肥

成年架子驴指的是年龄超过4岁、淘汰的公母驴。这种驴育肥后的肉质不如青年驴育肥后的肉质，脂肪含量高。饲料报酬和经济效益也较青年驴差，但经育肥后，经济价值和食用价值得到了较大的提高。

成年架子驴的快速育肥分为两个阶段，时间为65～80 d。

(1)成熟育肥期　此期为45～60 d。这一时期是驴育肥的关键时期，要限制运动，增喂精饲料(粗蛋白质含量要高些)，增加饲喂次数，促进增膘。

(2)强度催肥期　一般为20 d左右。目的是通过增加肌肉纤维间脂肪的沉积量来改善驴肉的品质，使之形成大理石状纹理瘦肉。此期日粮营养成分含量可适当再提高，尽量设法增加驴的采食量。

成年架子驴的育肥一定要加强饲养管理。公驴要去势。待育肥的驴要驱虫。饲喂优质的饲草饲料，减少运动，注意厩舍和驴体的卫生。

若是从市场新购来的驴，为减少应激，要有15 d左右的适应期。刚购来的驴应多饮水，多给草，少给料，3 d后再开始饲喂少量精料。

4. 青年架子驴育肥

这种驴的年龄为1.5～2.5岁。育肥期一般为5～7个月，2.5岁以前育肥应当结束，以形成大理石状或雪花状纹理的瘦肉。

对新引进的青年架子驴，除驴场自繁自养的以外，因长途运输和应激强烈，体内往往会严重缺水，所以要注意水的补充，给予优质干草，2周后可恢复正常。

对这些驴要根据强弱、大小分群，注意驱虫和日常的管理工作。

饲喂的方法分自由采食和限制饲喂。前者工作效率高，适合于机械化管理，但不易控制驴的生长速度；后者饲料浪费少，能有效控制驴的生长，但因受制约，影响驴的生长速度。总的来说，自由采食法比限制采食法理想。

为生产高、中档驴肉，青年架子驴除适应期外，一般把育肥期分成生长育肥期和成熟育肥期两个阶段，这样既节省精料，又能获得理想的育肥效果。

生长育肥期养护重点是促进青年架子驴的骨骼、内脏、肌肉的生长。要饲喂富含蛋白质、矿物质和维生素的优质饲料，使青年架子驴在保持生长发育的同时，消化器官也得到锻炼。此阶段能量饲料要限制饲喂。育肥时间为 2～3 个月。

成熟育肥期这一阶段的饲养任务主要是改善驴肉品质，增加肌肉纤维间脂肪的沉积量。因此，日粮中粗饲料的比例为 30％～40％，饲料供给要充分，以自由采食效果较好。育肥时间为 3～4 个月。

三、促进肥育效果的方法

肉驴的生长速度主要受品种、管理、环境和饲料等多方面的影响。在饲料方面，应选择易消化吸收的饲料原料，并且保证各种营养成分的平衡，还可以综合使用各种饲料生物技术来提高肉驴的生长速度。

1. 微生态制剂

微生态制剂可通过饲料或饮水添加（如以产酶为主的芽孢杆菌），其进入肉驴肠道后，与肠道内有益菌一起形成强有力的优势菌群，抑制和消灭致病菌群，同时可分泌与合成各种消化酶、维生素和促生长因子等物质，改善消化功能，提高饲料转化率，对肉驴产生免疫、营养和生长刺激等多种作用，达到防病、提高成活率和促进肉驴生长的目的。

2. 酶制剂

针对不同的驴品种、日龄，结合内源酶分泌不足和日粮类型选择适当的酶制剂，可提高肉驴的生长速度。如驴驹内源酶分泌不足，可添加淀粉酶、蛋白酶和脂肪酶等；针对饲料中抗营养因子可添加非淀粉多糖酶和植酸酶等，如可在小麦-豆粕型的日粮中添加木聚糖酶和葡聚糖酶等，添加量应随着日粮中小麦添加比例的增加而提高。

3. 功能性肽蛋白

在日粮中添加功能性肽蛋白可明显提高肉驴对蛋白质的消化吸收，还能提高机体的抗氧化能力和免疫功能，促进肠道有益菌的增殖，抑制有害菌的增殖等，从而提高肉驴的生长速度、瘦肉率和屠宰率。

在实际生产中，可根据具体情况（动物、饲料及环境）综合使用微生态制剂、酶制剂、功能性肽蛋白等，从而最大限度地提高肉驴的生长速度。

【技术操作】

一、肉驴体型选择

不同的生产方向，要求不同的体型外貌与之适应，从而产生最大的经济效益，因而要求肉驴也要具备肉用家畜的体型外貌。

肉驴要选择体质结实，适应性强，体格大的驴。外貌要求头大小适中，腭凹宽，牙齿咀嚼有力，颈中等长，富有肌肉，体躯长（体长指数大于100%），呈桶形，肋骨开张好，胸部宽深且肌肉丰满突出。鬐甲低，背宽，腰直。尻长富有肌肉，骨量适度，肌肉轮廓明显。与马相比，驴的后躯优质肉部位发育不足，尻短斜。因此，在拟定选择指数时，除从血统来源、体质外貌、泌乳能力、后裔品质、体尺体重诸方面提出要求外，应特别提出尻长、尻宽体尺或指数的要求，加强这一方面的选择。

二、肉驴繁育

根据不同情况，可利用本品种选育或经济杂交的方法繁育。

1. 本品种选育

这是对大、中型地方良种驴的主要选育方法，也是对饲养条件一时难以改进的小型驴重要的选育方法之一。本品种选育要根据选育目标，针对品种的缺点和肉用要求，拟定相应适宜的分阶段选育计划，使驴种的品质逐步得到提高。

2. 经济杂交

中、小型驴产区，在保证本品种核心选育群正常选育前提下，在改善驴的饲养管理工作的同时，可选用与本地生态条件较为一致的地方良种驴，对一般繁殖群的母驴进行经济杂交。据测定，一代杂种驴较本地驴可提高活重10%以上，而且依然继承了母驴对当地条件的适应性。

经济杂交的代数，应根据当地气候条件和饲养管理条件而定。气候寒冷，饲料条件不甚丰富的地区，代数不宜太多，1～2代即可。

三、肉驴饲养管理

肉驴饲养管理方式多样，但多不是单一采用，而是有所交叉。

1. 舍饲肥育

实践证明，对成年驴采用不同类型的饲料配合，因其消化利用率高，营养转化率高，肥育的效果虽都较为接近，但比较而言"精料-干草型"的日粮更为优越。如对老年的凉州驴用单一的豆科干草肥育60 d，平均日增重247 g。对老年关中驴、庆阳驴采用"麦草精料型"的日粮肥育25 d，平均日增重435 g（肥育35 d，平均日增重299 g）。而对老年驴占60%的晋南驴进行70 d优质"豆科、禾本科干草-精料型"的日粮肥育，前30 d平均日增重为700 g，第31～50 d的平均日增重为630 g，而第51～70 d的平均日增重为327 g，全程70 d平均日增重为574 g。

为了使料肉比经济合理，舍饲肥育的驴不宜积累过多的脂肪，达到一级膘度就应停止肥育。优质干草-精料型的日粮以肥育50～80 d为好。高中档驴肉肥育的时间要长，肉的售价也高。驴在进入正式肥育期之前，都要达到一定的基础膘度。

2. 半放牧和半舍饲肥育

驴的放牧能力虽然不如马，但我们还是提倡有放牧条件的地区进行放牧增膘。如有良好的豆科、禾本科人工草地，驴能进行短期的强度放牧肥育，使其有一个中等膘度则更为理想。驴经过放牧肥育后，再经过30～50 d的舍饲强度肥育，效果更佳而且节约成本。

3. 自繁自养式肥育

集驴的繁育和驴的肥育为一体，传统的零星农户常采用此种方式。

4. 农户的规模化肥育

目前，农村以出售淘汰驴和架子驴居多，少有对驴进行肥育出售的。我们提倡有条件的农户就地收购肥育，这样可以减少驴的应激和更换饲料的不适，缩短育肥时间，提高经济效益。驴群大小不一，十几头或几十头均可。一年之内可育肥几批驴。

5. 异地育肥

这是一种专业化的肉驴生产方式。是指在自然和经济条件不同的地区，分别进行驴驹出产、培育和架子驴的专业化育肥。这可以使驴在半牧区或产驹集中而经济条件较差的地区，充分利用当地的饲草、饲料条件，将驴驹饲养到断奶或 1 岁以后，转移到精饲料条件较好的农区进行短期强度育肥，然后出售或屠宰。

异地育肥驴的选购，要坚持就近原则，这样既可以减少驴的应激，也可以减少驴体重的损失和运输费用。异地育肥的驴要注意安全，路途不远时可采用赶运的办法；中远程的距离，就要用汽车或铁路运输。

驴运回后要安置在干净舒适的环境中，加强饮水，投以优质干草。管理上要加强观察，悉心照料，消除运输造成的影响，恢复体重。待驴适应了新的环境和饲养条件后，再进入育肥阶段。

异地育肥，可以缓解驴集中的地区肉驴因精料不足，出栏时间长，肥育等级低，经济效益差等矛盾。由于加快了驴群的周转，提高了人们养驴的积极性，从而繁荣地区经济。

6. 集约化肥育

这是今后肉驴肥育发展的方向。其特点是在建立完整的肉驴生产体系的前提下，育种场、繁殖场、肥育场各负其责，这不仅便于肉驴专门化品系的选择、提高，也利于肉驴高质量、标准化生产和效益的进一步增强。集约化的肉驴肥育，就是建立专门化的肥育驴场，进行工厂式的机械化肥育生产。按照需求分批进行，每批驴的年龄、膘情要大体一致，每批育肥驴可为 50～100 头或更多。

四、肉驴快速育肥

驴在屠宰前，不论是青年驴、成年驴、老年驴均应催肥。催肥后的驴，不仅体重增加，而且肌肉和肌肉间脂肪含量也会增加，肉的大理石样花纹明显，肉的嫩度、多汁性及香味都会有所改善。

为了使驴尽快地肥育，要求肥育的驴要有中等的基础膘度，饲喂的营养物质必须高于正常生长发育的需要。不影响驴正常消化吸收的前提下，在一定范围内，给予驴的营养物质越多，所获得的日增重就越高，并且每单位增重所消耗的饲料越少，出栏日期越提前。

1. 青年驴肥育

年龄为 1～1.5 岁的青年驴相对生长速度较快。肉驴多为超过驴群补充计划和出售计划的那部分青年驴，因受群体规模限制而肥育作为肉用。一般说来，中、小型驴因为 1～1.5 岁驴绝对生长低、体重小、产肉量少而不主张此时肥育。

如有需求，待肥育的青年驴应受到良好培育，肥育的时间为 50～80 d。日粮营养全面，精料蛋白质水平应在 18%左右。这一时期驴驹增重的主要部位是肌肉、内脏和骨骼。应给青年驴优质的饲草、精料，日采食量应占体重的 2%以上。饲养上如不能做到自由采食，每天应比成年驴增加 1～2 次饲喂次数。要保证饮水和厩舍干燥，温度适宜。

2. 成年驴肥育

这些驴为超过 3～4 岁淘汰的公驴及母驴。肥育后，经济价值和食用价值得到了明显的改善。待肥育的成年架子驴要驱虫，剔除有消化疾患的驴，公驴要去势，加强饲养管理，注意驴体和厩舍卫生。外地新购回的驴，为减少应激，要有一个 15 d 的适应期。驴刚购回入场时应多饮水，多给草，少给料，3 d 后再开始饲喂少量精料。

成年架子驴肥育分为两个阶段。一为成熟育肥期，此期为 45～60 d，这一时期要限制驴的运动，增喂蛋白质含量高的饲料，增加饲喂次数，促进增膘。二为强度催肥期，一般为 20 d。目的是通过增加肌肉纤维间脂肪沉积量来改善驴肉品质，使之形成大理石花纹的瘦肉，此间日粮能量浓度可再提高，尽量设法增加驴的采食量。

3. 高中档驴肉的生产

对 2 岁的青年驴进行 5～7 个月的育肥，形成大理石花纹的中高档驴肉，除做好适应期所要求的准备工作外，一般把育肥期分成两个阶段，在生长肥育期，时间为 2～3 个月，重点是促进架子驴的骨骼、内脏、肌肉的生长，要饲喂富含蛋白质、矿物质和维生素的优质饲料，使青年驴在保持良好生长发育的同时，消化器官得到锻炼，此阶段能量饲料要限制饲喂。二为成熟肥育期，时间为3～4个月。任务是改善驴肉品质，增加肌肉肌纤维间脂肪的沉积量。因此，日粮中粗饲料的比例为30%～40%。饲料要充分供给，以自由采食较好。

【生产经验】

一、肉驴年龄对肉质影响

任何年龄的驴经过短期肥育，肉质均会得到很大改善。随着年龄增长，肌纤维直径也会逐渐增大，使嫩度有所下降；同时由于乳酸积累，pH下降，进而影响口感和风味。断奶驴驹，虽相对生长值较高，生长速度较快，但绝对生长值太低，且没有脂肪沉积，屠宰效果不好，肉品口感和风味也不理想，因此不适合高中档驴肉生产。成年驴经过短期强化肥育可促进脂肪积累，肌间脂肪沉积明显，而且能促进乳酸外排，显著改善其肉质。1.5岁驴的种用价值已显现，驴驹生长发育仍然较快，经短期肥育即可获得良好增重和优良肉质，但要生产高中档驴肉，使其脂肪在肌肉间有着良好分布，仍需延长肥育时间。

二、营养因素对肉质影响

在充足饲喂情况下，饲料营养全价水平对驴的影响有如下趋势：断奶驴驹大于1.5岁驴驹，而1.5岁驴驹又大于成年退役驴。成年驴消化机能已完善，营养转化率高，粗饲料消化利用率比马高30%，因而影响较小；而驴驹器官发育不完善，生长需要全价营养，否则增重和肉质会受较大影响。

三、肥育环境对肉质影响

尤其是季节和厩舍条件，除非环境特别恶劣，驴全年都可肥育。如有条件放牧，秋季牧草结籽，营养丰富，气温适宜，宜于上膘；春季由冬季转暖，是驴的生长恢复期，也易于上膘，因此春、秋两季适宜驴的肥育，如能放牧结合舍饲，效果则更好。冬、夏两季如进行舍饲肥育，需要注意冬季保温，夏季防暑，控制舍内温度和湿度，注意通风、换气，防止有害气体浓度过大，不然不仅影响健康，同时不利的环境对肉质也会产生影响。

【拓展知识】

改善驴群结构，提高可繁殖母驴的比例，母驴多才有繁殖基础。实行适龄母驴全部配种的方法，除后备驴的补充，种驴按计划出售外，超过这些计划筛选后的驴驹，都可作为肉驴培育，待其体躯长大一些再肥育。

一、不同驴种影响育肥效果

不同驴种肥育的效果不同，如选育程度较高的关中驴、晋南驴等大、中型驴种，由于早熟性好，饲料报酬相对较高。同一驴种的不同个体，由于体型外貌和体质不同，育肥速度也不相同。如在山西长治对不同年龄驴的肥育试验中，在肥育 1～33 d 中的断奶驴驹、1.5 岁左右驴和成年驴中，都发现平均日增重 1 303～1 484.8 g 的个体，而 1～63 d 的肥育中也发现了平均日增重 881～968 g 的个体。驴种和个体相比较，往往品种内的差异大于品种间的差异，因而肉驴生产要注意品种内的系统选育。

二、年龄阶段影响育肥效果

根据驴的肥育试验得出以下结论：不同年龄阶段驴的日增重，断奶驴驹相对值高，绝对值低，产肉少，利用不划算；1.5～2 岁的驴日增重相对值、绝对值都较高；成年驴绝对值高。屠宰率、净肉率和胴体骨肉比、脂肉比均呈现以下特点，断奶驴驹小于 1.5～2 岁驴，1.5～2 岁的驴小于成年驴，其中，净肉率 1.5～2 岁驴和成年驴相当。内脏重量绝对值随年龄增长而增长明显，成年驴比驴驹和青年驴优质肉的比例大，脂肪沉积也好。

三、产驹季节影响育肥效果

驴虽春、秋两季发情，但秋配驴初生重、断奶重、生长发育速度和成活率、胴体品质都远不如春产驴，还影响下一代繁殖，因而不主张配秋驴。希望驴驹能产在一年之中气候和饲料条件最好的季节，如 4—5 月份。若在 4 月份以前产驹，则要求有良好的接产条件和饲料条件。

四、肥育月份影响育肥效果

严寒和酷暑都不利于驴的肥育。如能改善驴育肥所处的环境，全年连续性批量肥育也是可行的。

五、肥育方式影响育肥效果

要因地制宜地选择肉驴的生产肥育方式。正式肥育前的驴一定要有一个中上等膘度，在保证肥育驴所需营养前提下，采用工厂化、集约化的肥育方式，可以大幅度地提高劳动生产率，是现代肉驴生产的必由之路。

六、阉割年龄影响育肥效果

1.5 岁的公驴已可评定种用价值。此时非种用公驴阉割后肥育，增重大，肉质好。如 70 d 肥育的晋南驴公驴，其平均日增重 490 g，而阉驴可达 700 g。

项目五

驴的繁殖

任务一　母驴配种

【预备知识】

母驴适用于初次配种的年龄称为初配年龄。驴虽然到了性成熟阶段，但身体发育尚未完全成熟时，过早配种影响母驴本身和胎儿的生长发育。母驴开始配种的体重一般应为其成年体重的70%左右，母驴的适配年龄以2.5～3岁为宜。母驴达到体成熟时才能开始配种。种公驴到4岁时，才能正式配种使用。

母驴在7—8月份酷暑期发情减弱。发情期延至深秋才进入乏情期。母驴发情较集中的季节称之为发情季节，也是发情配种最集中的时期。在气候适宜和饲养管理好的条件下，有的母驴也可常年发情。但秋季产驹，驴驹初生重偏小、成活率低、断奶重和生长发育均差。

驴的发情周期平均为21 d。根据卵泡发育和黄体形成情况将发情周期分为卵泡期和黄体期。其中，发情持续时间为5～8 d，部分驴发情持续时间更长。研究发现：膘情好的母驴发情数量多，发情持续时间短，膘情差的母驴发情数量少，发情持续时间较长。

驴的初情期一般在8～12月龄。此时，生殖器官仍在继续发育，不能参与配种。母驴的怀孕期为348～377 d。

母驴生殖器官发育成熟、发情和排卵正常并具有正常繁殖能力的时期，称为性成熟期。此时期生殖器官发育基本完成，开始产生具有生殖能力的性细胞（精子或卵子），母驴具备繁殖后代的能力，一般青年驴的性成熟期为12～15月龄。驴的性成熟期受到品种、自然环境条件、营养和饲养管理等多方面的因素影响。

母驴的情期受胎率为40％～50％，繁殖率为60％。繁殖年龄可持续到16～18岁，营养好时可繁殖到20岁以上。

驴是季节性多次发情的动物。一般在每年的3—6月份进入发情的旺盛期。按照配种日期结合母驴怀孕期可综合判定分娩时间，提前确定预产期。

【技术操作】

一、自然交配

1. 分群交配

将母驴分成若干小群，放入一头种公驴，任其自由交配。这种形式可实现一定的配种率，但很难进行配种记录，且大大降低了种公驴的使用年限。适用于没有能力进行人工输精的小散户。

2. 人工辅助交配

将种公驴与母驴隔离饲养，当母驴发情时，令其与特定的种公驴交配。在配种前对母驴外阴进行清洗消毒，以防止生殖道疾病的传播。

二、人工授精

1. 母驴外阴的清洗和消毒

将母驴保定在四柱栏内，驴尾用绳拴到身体一侧，露出外阴。首先，用干净的温水将肛门及外阴上的粪等洗掉，其次，用1％的新洁尔灭溶液对肛门及外阴部消毒，再次，用干净的温水将消毒液清洗干净，最后，用干净的毛巾或纸将肛门及外阴部的水擦干。

2. 输精

将带有精液的无胶塞注射器连接在输精胶管圆端（注意避光），配种员手戴消毒一次性长臂手套，站在母驴后方偏左侧，右手五指形成锥形，将输精胶管的尖端握于掌心，缓慢插入母驴阴道内，将输精胶管顶端插入子宫颈口内5～7 cm

处，左手缓缓将精液推入母驴子宫内。左手慢慢拔出胶管，右手缓慢从母驴阴道内抽出，持续轻揉子宫外阴，防止精液倒流。

输精时应注意的问题：输精部位应在子宫体或子宫角基部，不宜过深，一般以输精管插入子宫颈口内 5～7 cm 处为宜；输精量以 15～20 mL 为好；但要保证输入的有效精子数不低于 5 亿个；输精速度要慢，以防止精液倒流；注射器内不要混入空气，防止感染；发现精液倒流时，可用手捏住子宫颈，轻轻按摩，促使子宫颈收缩，可轻压背腰部，使其伸展，并牵遛运动。

【生产经验】

一、母驴的生殖发育

驴的初情期一般在 8～12 月龄。此时生殖器官仍在继续发育，不能参与配种。生殖器官发育成熟、发情和排卵正常并具有繁殖能力的时期，称为性成熟。此时期生殖器官发育基本完成，开始产生具有生殖能力的性细胞（精子或卵子），具备繁殖后代的能力，一般驴驹的性成熟期为 12～15 月龄。驴的性成熟期受到品种、自然环境条件、营养和饲养管理等多方面的因素影响。

二、母驴发情鉴定

1. 外部观察法

外部观察法主要根据母驴外部表现来判断发情程度，确定配种时间。配种人员应早晚巡视驴群。母驴发情时阴唇肿胀，抿耳吧嗒嘴。在驴人工授精试验中，发现母驴发情最明显的外部特征为两耳朵后抿、尾巴后翘、吧嗒嘴、外阴抽动、主动接近公驴和将臀部靠近公驴配合公驴交配。

2. 直肠检查方法

将发情母驴牵到四柱栏内进行保定。检查人员剪去并磨光指甲，戴上一次性长臂手套，手套上涂润滑液，五指并拢成锥形，轻轻插入直肠内，手指扩张，以便空气进入直肠，引起直肠努责，将粪排出或直接用手将粪球掏出。掏粪时注意不要让粪球中食物残渣划破肠道。

检查人员手指继续伸入，当发现母驴努责时，应暂缓，直至狭窄部，以四指进入狭窄部，拇指在外，此时可采用两种检查方法。

(1)下滑法　手进入狭窄部，四指向上翻，在第 3～4 腰椎处摸到卵巢韧带，随韧带向下捋，就可摸到卵巢。由卵巢向下就可摸到子宫角、子宫体。

(2)托底法　右手进入直肠狭窄部，四指向前下摸，就可以摸到子宫底部，顺子宫底向左上方移动，便可摸到子宫角。到子宫角上部，轻轻向后拉就可摸到左侧卵巢。直肠检查时卵巢呈蚕豆形，未发情卵巢手感较硬有肉感。

触摸时，应用手指肚触摸，严禁用手指牵拉，以防止损伤直肠壁，引起大量出血或感染而造成死亡。触摸卵巢时，应注意卵巢的形状、质地，卵泡大小、弹力、波动和位置。

直肠检查卵泡发育的判定标准为根据直肠检查触摸卵巢上卵泡大小和弹力，可判断卵泡的发育情况。

3. 卵泡发育状况检查

(1)发育初期　两侧卵巢中开始有一侧卵巢出现卵泡，初期体积小，触之形如硬球，突出于卵巢表面，弹性强，无波动，排卵窝深。一般此期持续时间为 1～3 d，不配种。

(2)发育期　卵泡发育增大，呈球形，卵泡液继续增多。卵泡柔软而有弹性，以手指触摸有微小的波动感。排卵窝由深变浅。此期持续 1～3 d，一般不配种。

(3)生长期　卵泡继续增大，触摸柔软，弹性增强，波动明显，卵泡壁较前期变薄，排卵窝较平。此期一般持续 1～2 d，可酌情配种(卵泡发育快的驴配种，反之则不配)。

(4)卵泡成熟期　此时卵泡体积发育到最大程度。卵泡壁很薄而紧张，有明显的波动感，弹性减弱，排卵窝浅。此期可持续 1～1.5 d。应在这一期卵泡开始失去弹性时进行交配或输精。

(5)排卵期　卵泡壁紧张，弹性消失，卵泡壁非常薄，有一触即破的感觉。触摸时，部分母驴有不安和回头看腹的表现。此期一般持续 2～8 h。有时在触摸的瞬间卵泡破裂，卵子排出。直检时则可明显摸到排卵窝及卵泡膜。此期宜立即配种或输精。

(6)黄体形成期　排卵后，卵巢体积显著缩小，在卵泡破裂的地方形成黄体。黄体初期扁平，呈球形，稍硬。因其周围有渗出血液的凝块，故触摸有肉样实体感觉。此时不应配种。

(7)休情期　卵巢上无卵泡发育,卵巢表面光滑,排卵窝深而明显。

【拓展知识】

一、卵泡发育与排卵

母驴卵泡小于 3 cm 即开始表现发情,卵泡一般为二期卵泡。其中自然发情母驴一般卵泡体积达到 4 cm 后开始排卵,而用人绒毛膜促性腺素处理的母驴卵泡体积达到 3.5 cm 后开始排卵,人绒毛膜促性腺素 2 000 IU 一次肌内注射处理卵泡体积大于 3.0 cm 的发情母驴,90%的发情母驴在 36～48 h 排卵,而人绒毛膜促性腺素注射处理的卵泡体积小于 3.0 cm 的发情母驴,排卵率较低。

同时,排卵率的高低与卵泡壁的厚薄有很大关系,卵泡壁厚,不易排卵,卵泡壁薄,易排卵。部分驴两侧卵巢各有一个卵泡发育,注射人绒毛膜促性腺素后,两侧卵巢都可以同时排卵。排卵后的母驴仍有发情表现,通过 B 超检查,排卵后的卵巢呈现灰黑色的影像。

二、B 超发情检查

1. 超声检查的工作原理

B 超仪通过探头向动物体内发射超声波,超声波遇到不同器官后发生反射产生回声,通过探头收集回声的数量,通过软件对回声的数量进行处理后显示在屏幕上,回声数量越多图像越亮、白,回声数量越少图像越暗、黑。通过观察图像的情况即可显示检查的器官的状态。液体、气体对声音的反射效果差,回声少,因此在屏幕上显示为暗、黑色;实质器官对声音的反射效果好,回声多,因此在屏幕上显示为亮、白色。如卵泡在屏幕上显示为暗、黑色,黄体在屏幕上显示为亮、白色。

2. 超声仪的使用

将超声波 B 超仪探头顺手指方向握于掌心,食指、中指、无名指位于探头上方,进入肠管后轻轻压住探头使之贴近肠壁。拇指及小指分别紧捏探头两个侧面,以固定和控制探头方向。确保探头下方即超声波发生方向紧贴肠管,不得被手指及粪便阻挡。五指握紧探头以圆锥形旋转通过肛门进入直肠。进入直肠后，缓慢而轻柔地前后左右移动探头，寻找膀胱，在B超仪显示器上看到膀胱后顺着膀胱方向前进至膀胱逐渐消失的位置时，缓慢地左右移动探头寻找子宫壁。找到子宫壁后一边缓慢地顺着子宫壁方向前进，一边轻微地左右移动探头，以便观察整个子宫壁的状况。

3. 超声检查步骤

当深入至直肠狭窄部肠管处（即子宫角分叉处）时将探头贴紧肠管缓慢地向左上方向旋转，此时可观察到呈圆形的子宫角横切面，顺着子宫角方向继续向左上方移动即可观察并测量到左侧卵巢，继续向上方旋转直至卵巢消失不见，然后原路径返回。观察时动作要缓慢而轻柔以便观察整个子宫及卵巢的状况。

完成左侧检查后顺着左侧子宫角方向返回至子宫角分叉处，向右上方旋转观察右侧子宫及卵巢的情况。操作方法同左侧，值得注意的是右侧卵巢位置往往稍微高于左侧，且手臂向右上旋转时难度较大，此时一定要耐心而细心地完成整个右侧子宫角及卵巢的检查。

4. 发情鉴定

在B超屏幕中我们可以依据子宫体和子宫角的声学影像诊断，判定母驴是否发情，其中通过子宫角的影像判断发情尤为直观。发情的子宫体图像，由于此时子宫体内充有液体，子宫体呈现黑灰不均匀的类似波浪形的纹路。

未发情子宫角呈现均匀一致的灰白色圆形图案，发情的子宫角由于此时子宫角内充有液体，子宫角呈现明显橘瓣样式花纹。

任务二　母驴接产

【预备知识】

一、母驴妊娠过程

妊娠是哺乳动物所特有的一种生理现象，是自卵子受精开始一直到胎儿发育成熟后与其附属物共同排出母体前，母体所发生的复杂生理过程，主要包括妊娠的识别与建立、妊娠的维持等阶段。

1. 妊娠的识别与建立

在妊娠早期，胚胎产生某种化学因子或激素作为妊娠信号传递给母体，母体遂做出相应的生理反应，以识别和确认胚胎的存在，由此，母体和孕体之间建立起密切的联系，这一过程称为妊娠识别。

妊娠识别的实质是胚胎产生某种抗溶黄体物质，作用于母体的子宫或(和)黄体，阻止或抵消前列腺素的溶黄体作用，使黄体变为妊娠黄体，维持雌性动物妊娠。母体妊娠识别后，即进入妊娠的生理状态。

2. 妊娠的维持

妊娠的维持是母驴和胎盘所产生相关激素间的协调和平衡过程，其中孕激素是维持妊娠的重要激素。在排卵前后，雌激素和黄体酮含量的变化，是子宫内膜增生、胚胎附植的主要动因。而在整个妊娠期，黄体酮对妊娠的维持体现了多方面的作用：抑制雌激素和催产素对子宫肌的收缩作用，使胎儿发育处于平静而稳定的环境；促进子宫颈栓的形成，防止妊娠期间异物和病原微生物侵入子宫、危及胎儿；抑制垂体促卵泡素分泌和释放，抑制卵巢上卵泡发育和雌性动物发情；妊娠后期黄体酮水平下降有利于分娩的启动。

雌激素和孕激素的协同作用可改变子宫基质，增强子宫弹性，促进子宫肌纤维和胶原纤维增长，以满足胎儿、胎膜和胎水增长对空间扩张的需求；另外，还可刺激和维持子宫内膜血管的发育，为子宫和胎儿发育提供营养来源。

3. 妊娠期及其影响因素

(1)妊娠期　妊娠期是从受精开始(一般是由最后一次配种日期开始计算)到分娩的一段时间，是新生命在母体内生活的时期。驴的妊娠期平均为 360 d，妊娠期的范围通常在 350～370 d。

(2)妊娠期间的内分泌变化　母驴在妊娠期间的内分泌系统将发生相应变化。妊娠期垂体促甲状腺素和促肾上腺皮质激素分泌增多。促卵泡素由于孕激素通过对下丘脑的负反馈作用而被抑制，故妊娠期间卵巢无成熟卵泡产生，也不排卵。妊娠后垂体催乳素分泌增加，促进乳腺发育，在分娩后促使乳腺分泌乳汁。妊娠期间母畜体内雌激素的变化因畜种不同而存在差异。

二、母驴妊娠直肠检查

直肠检查法主要是通过触摸子宫角和子宫内胚泡的大小来判断妊娠时间。驴的保定、排出肠道内粪的方法以及寻找子宫角的方法与发情鉴定直肠检查方法一致。

妊娠情况的判定：驴未妊娠时子宫柔软，由于与腹腔内器官手感相似，难以摸到。妊娠后子宫会变硬，随着妊娠时间的增加，子宫内会有逐渐变大的胚泡出现，通过触摸子宫的变化和子宫内胚泡大小的变化可以判定妊娠时间。

1. 怀孕 14～16 d

宫角收缩呈圆柱形，角壁肥厚，深部略有硬化感觉，轻捏子宫角尖端，两手指靠不紧，感觉中间隔有肌肉组织。

2. 怀孕 16～18 d

子宫角硬化程度增加，轻捏尖端不扁，里硬外钝，中间似有弹性的硬芯，在子宫角基部，向下突出的胚泡感觉明显，如鸽蛋大；空角多弯曲，孕角多平直；空角多比孕角长；两子宫角交界处出现凹沟。

3. 怀孕 20～25 d

子宫角孕角质地坚硬如猪尾，空角弯曲增大。子宫底的凹沟明显，胚泡如乒乓球大。此时，在卵巢的排卵侧面，可摸到黄体。

4. 怀孕 26～40 d

子宫角无变化，摸到的胚泡继续增大，形如拳头大小，卵巢黄体明显。

5. 怀孕 40～55 d

胚泡继续增大，孕角因为重量加大而下沉，卵巢韧带开始紧张，空角多背负于胚泡上面，胚泡部子宫壁变薄，轻轻触动有波动感。

6. 怀孕 60～70 d

胚泡很快增大，大如婴儿头，妊娠侧子宫角下沉，卵巢韧带紧张，两卵巢均下沉，彼此稍微靠近，胚泡处子宫壁薄而软，内有大量胎水。

7. 怀孕 80～90 d

两子宫角被胚胎占据，摸不到子宫角和胚泡整体，卵巢向腹腔前方移位，卵巢韧带更加紧张，两卵巢更加靠近。

直检时,要注意区分胚泡和膀胱,前者表面布满血管呈球网状,后者表面光滑并充满尿液。如果区分不清楚时,可等待片刻,使母驴在排尿后再做检查。

8. 怀孕4个月以上

可摸到子宫中动脉的特异搏动。该动脉位于直肠背侧,术者手伸入直肠后,手掌向上用手指贴于骨盆顶部的荐骨,从后向前先找到腹主动脉末端的两条分支,即髂内动脉;再沿正中的腹主动脉向前摸到第二个分支为髂外动脉;在髂外动脉的基部可以摸到由该处分出来走向子宫阔韧带的子宫中动脉,子宫中动脉的特异搏动如水管喷水状。

9. 怀孕5个月以上

怀孕5个月以上可摸到胎儿活动。

三、母驴妊娠超声检查

B超检查主要是通过B超图像查看子宫内是否有胚泡来断定妊娠情况。妊娠后12 d用B超即可看到子宫内胚泡的情况,因此B超检查适合做早期孕检。

B超检查中驴的保定和B超仪的使用同发情鉴定中B超仪的使用方法。只是在妊娠检查中需要用B超探头扫描子宫情况。

妊娠情况的判定:驴妊娠后,在子宫角内会有胚泡的出现,胚泡中含有大量的液体,因此屏幕上就会出现一个黑色的图像,此即为胚泡。

若母驴排卵当天记为第0天,则第11天即可使用B超仪寻找胚泡,11 d胚泡的B超影像为胚胎多存在于子宫角,也有少数情况存在于宫体,大小为6~12 mm,胚胎呈黑色圆形,上下各有一条亮白色横纹,可以通过横纹来区别胚胎和囊肿。

四、母驴泌乳性能

母驴摄入蛋白质的增加对泌乳力有良好的作用。丰富全价的营养可增加泌乳量,延长泌乳期,但要防止泌乳高峰下降过快的现象。一般全舍饲比半舍饲半放牧母驴泌乳力高,若舍饲为不全价的干草型,改为良好牧地半放牧管理,因青绿饲料的牧草采食量大和蛋白质、灰分含量较高,又增加了运动,这将促进驴奶相应成分含量增加，泌乳力也得到明显提高。

【技术操作】

一、分娩接产

接产原则是以自然生产为主，人工接产为辅。

1. 药品和用具

肥皂（润滑）、毛巾、刷子、消毒药（新洁尔灭、来苏尔、酒精、碘伏）、产科包（助产、难产接产）、剪刀、脸盆、破伤风抗毒素、缩宫素、氯前列烯醇等。

2. 接产流程

在母驴开始生产时，接产员应确定胎位是否正常：两前腿先产出，头包裹在两前腿之间，若胎位不正常应马上联系兽医，进行难产接产。胎位正常时接产员可以等待母驴自然生产（初产驴，因为没有生产经验，可以适当进行人工辅助接产）。

驴驹出生后接产员应先断脐带，方法：在距离驴驹腹部约 5 cm 处，抓住脐带，手指将脐带内脐血向驴驹侧捋 2～3 遍，无搏动感后，然后扯断即可，扯断后在脐带断口处涂抹碘伏，避免感染。必要时可以结扎脐带。

断脐带后，接产员应马上清理驴驹口、鼻内的羊水，避免羊水进入肺中，引起异物性肺炎；并用干抹布擦净驴驹身上的羊水，避免羊水蒸发带走热量，引起驴驹疾病。

二、母驴检查

接产人员应熟悉母驴临产症状，注意观察，能大致判定母驴分娩时间。做到接产有人，预防可能发生的事故。母驴临产前 1 个月时乳房增大，从乳头中流出黄色透明乳汁时，预示着接近临产期。分娩前十几天，乳房、乳头增大，分泌乳汁明显；外阴部潮红，尾根两侧肌肉塌陷。临产前几个小时，母驴有举尾的行为，如果发现举尾，一般临产在 5 h 内，孕驴表现不安，不愿采食，出现疝痛症状，喘粗气，回头看腹，时卧时起，用前蹄刨地。此时应专人守候，随时做好接产准备。

在母驴卧地开始努责、尿膜绒毛膜破裂排出尿水后，立即将手臂及母畜外阴部消毒后伸手入产道，检查胎儿的方向、位置和姿势是否正常。这在防止某些难产的发生上，是一个非常重要的工作。检查可隔着羊膜进行，避免羊水过早流失。如果进入骨盆腔的胎儿姿势正常，可等待胎儿自然产出。否则应及早矫正，较易成功。

三、难产助产

头前位先出是正生，尾前位先出是倒生，只要是头部或臀部伴随着前肢或后肢同时伸出，均属顺产。但倒生时助产者应随母驴的努责尽快将胎儿拉出，以防胎儿窒息死亡。凡胎儿的头部、腿部或臀部发生位置关系变化，不能顺利产出者均属难产。临床上正确处理难产，对保护胎儿健康和提高繁殖成活率，均有重要的意义。

1. 胎位不正的助产

(1)头颈侧弯　即胎儿两前肢已伸入产道，而头弯向身体一侧所造成的难产。助产方法：用消毒好的助产绳将胎儿两肢系好，将胎儿送回子宫。助产者将手臂伸入子宫，抓住胎儿眼眶处，将胎头整复，然后拉出。

(2)胎头下垂　即胎儿头伏在两肢下方，弯到胸部。助产方法：如轻度变位，助产者可将手伸入阴道，抓住胎儿下颌，然后将胎儿头部上举，拉出产道，即可顺产而出。

(3)胎头过大　由于胎儿头部过大，难以娩出，造成难产。助产方法：一人用手抓住胎儿两前肢，一人手伸入阴道，抓住胎儿下颌，将胎儿头扭转方向，试行拖出。

2. 前肢异位的助产

前肢异位是胎儿一前肢或两前肢姿势不正而发生的难产。

(1)腕关节(前膝)后曲　头前位分娩时，前肢腕关节屈曲，增大胎儿肩胛围的体积，难以产出。助产方法：如左侧腕关节屈曲则用右手，而右侧腕关节屈曲则用左手。先将胎儿送回子宫，用手握住管部，向上方高举，然后将手放于下方球节部，暂时将球节屈曲，再用力将球节向产道内伸直，即可整复。

(2)肩关节屈曲　前肢在肩关节处屈向胎儿体侧或腹下。助产方法：先用手握住屈曲的上膊或前膝，推退胎儿回到子宫内，并将腕关节导入骨盆入口，使之变成腕关节屈曲，再按整复腕关节屈曲的方法处理，即可整复。

3. 后肢异位的助产

前位分娩时一肢或两肢飞节发生屈曲。飞节屈曲的助产方法：用手握住屈曲的后肢系部或球节，尽力屈曲后肢所有的关节，同时推退胎儿回到子宫，一般可整复。

抱头难产分娩时，一前肢或两前肢在胎儿头部上方。助产时用绳子拴住胎儿先位肢的系部，用力推退胎儿肩关节回到子宫，即可复位。

四、产后母驴与驴驹的护理

1. 母驴产后护理

母驴产后身体虚弱，还需继续哺乳驴驹，供给母驴足够的营养，加强饲养管理，使其身体尽快恢复，以满足母体和驴驹生长发育需要。生产之后接产员应该为母驴准备 5 L 温水，水中添加麸皮、葡萄糖和盐，进行喂饮，促进母驴体能恢复。

产后 12 h 内，应该对母驴进行直肠检查，以避免有双胞胎死胎存在。若有双胞胎死胎出现应该人工将死胎排出。接产完后要立即清理掉接产时胎水等污物和潮湿的垫草，更换干燥的垫草，减少因环境潮湿脏污带来的发病隐患。

母驴在产后 24 h 内应注射破伤风抗毒素（防止破伤风的发生）和氯前列烯醇。同时应观察胎衣是否排出，若发生胎衣不下，应及时联系兽医进行处理。及时收集母驴排出的胎衣，检查胎衣是否完整，若不完整说明可能有部分胎衣残留于母驴体内，此时需要报告兽医进行处理。

产后母驴和初生驴驹的体质比较虚弱，天气寒冷时要防寒和防风，做好保暖措施；母驴产后由于驴驹排出，腹腔的胃肠道从妊娠时被挤压的状态突然恢复到平时的状态，此时若大量饲喂草料容易引起胃肠道疾病，所以在母驴产后饲喂量应为平时饲喂量的 2/3，在 1 周内慢慢恢复到妊娠时的饲喂量。

2. 驴驹的饲养管理

接产人员应在产后观察驴驹情况，保证驴驹在产后 3 h 内吃到初乳，并观察胎粪是否排出。若驴驹没有及时排出胎粪，兽医应及时处理，可以直肠灌注肥皂水润滑肠道（或者产后直接直肠末端注入 1 支开塞露），协助其排出胎粪；驴驹出生后，先要保证其可以顺利地吃到初乳。饲养员要着重观察母驴是否可以安静地让驴驹哺乳，对于初产母驴由于是第一次产驹可能不习惯驴驹的吃奶，会发生拒绝哺乳的现象。

哺乳前先确诊母驴是否患有乳腺炎。若出现拒绝哺乳现象，饲养员可以将母驴固定在保定栏内，然后让驴驹开始哺乳，使母驴逐渐适应；若母驴在保定栏内继续拒绝哺乳，此时可以用“鼻捻子”保定母驴或将其一条前腿提起，使其习惯哺乳。

若母驴实在无法哺乳，应将驴驹和母驴分开饲养，驴驹可以选择其他母驴代养或人工喂养。人工喂养时可以选择乳汁充足的母驴挤奶进行饲喂，一般每 2 h 一次。如果没有驴奶可以选择牛奶，饲喂时牛奶和温开水 1∶1 稀释，并加少许蔗糖。

驴驹在出生后开始学习采食草料的时候，这个阶段可以添加微生态制剂，帮助驴驹调整胃肠道菌群，增加有益菌群的数量，从而起到预防腹泻的作用。

哺乳驴驹的培育是养驴的重要环节之一，一是提高其成活率、增加养驴数量，二是提高驴群质量、降低饲养成本、增加效益，因此，特别要注意加强饲养管理。

【生产经验】

一、围产期饲养管理

围产期母驴应该保证充足的营养供应，饮水要清洁，温度适中，添加多维电解质，添加药物期间，每天清洗水槽；饲喂品质较高的饲草和增加精料饲喂量。禁止饲喂过酸、发霉的饲草，冬天饮水温度不低于 15 ℃，以免引起早产、流产。

二、产房管理

产房打扫干净，保证没有剩草、剩料、剩水、粪污等。产房在冲洗干净后，进行喷洒消毒，每周 2 次；消毒剂可选择百毒杀、聚维酮碘等。检查产房水电、圈舍门是否完备及有无安全隐患。保证圈舍内垫草充足，防止产房地面过硬使驴驹损伤。

三、产房人员管理

技术人员每天早、中、晚 3 次观察母驴的状态，晚上每隔 2 h 巡圈 1 次，应着重观察“下奶”情况，以便做好接产的准备工作。

四、驴驹保健

1. 防止脐带炎

新生驴驹断脐后经 2～6 d，脐带即可干缩脱落。但若在断脐后消毒不当，脐带受到感染或被尿液浸润，或驴驹相互吮吸脐带均易引起感染，容易发生脐血管及其周围组织的炎症，可在脐孔周围皮下分点注射青霉素普鲁卡因溶液，并局部涂以松馏油与 5%碘酊等合剂。若发生脓肿则应切开脓肿部，进行消毒抗炎处理，并用绷带保护。对脐带坏疽性脐炎，兽医应及时切除坏死组织，做好进一步治疗。

2. 注射破伤风疫苗和检查胎衣

产后母驴和驴驹应在 12 h 内注射破伤风抗毒素。产后母驴的胎衣一般在 30～60 min 内自动脱落，如果超过 5 h 胎衣未脱落，或者脱落不完整，要及时通知兽医进行处理。

【拓展知识】

一、驴奶营养成分

1. 化学成分

驴奶呈白色，无不良气味，是一种复杂的生物液体，由水和可溶于水的物质(如蛋白质、脂肪、碳水化合物、矿物质、酶、维生素、激素、色素、气体)组成。

驴奶理化特性和成分并非一成不变的。驴的初乳与常乳相比，驴初乳的相对密度、折光度、电导率、酸度均高于常乳，而 pH 低于常乳，但都随泌乳期的增加接近常乳。驴初乳 6 h 时 pH 仍明显低于常乳，但 pH 随泌乳期的延长呈上升趋势，至 168 h(7 d)时基本接近常乳。在化学组成方面驴初乳中蛋白质、灰分、脂肪含量均随泌乳期延长呈下降趋势。

对 180 d 泌乳期常乳研究表明，泌乳 30 d 以后驴奶的相对密度和 pH 没有明显的变化。总的驴奶中平均水分含量为 90.49%，总干物质为 9.51%，乳蛋白率为 1.54%，乳脂率 1.16%，乳糖含量 6.36%，灰分 0.39%。但是如果仔细分析，驴奶成分随泌乳天数增加还是有一些变化。发现在 180 d 泌乳期内，驴奶的蛋白质和灰分从 15 d 至 120 d 随泌乳力增加，呈逐渐下降趋势，150 d 以后则有所上升；乳糖在前 120 d 逐渐升高，而后则有所下降；脂肪呈现较大的波动状态。

2. 驴奶中的蛋白质

驴奶中的蛋白质由乳清蛋白和酪蛋白两大类蛋白质组成。乳清蛋白包括 α-乳白蛋白、β-乳球蛋白、血清白蛋白、免疫球蛋白、乳铁蛋白、溶菌酶等。

在 150 d 泌乳期内，每 100 g 驴奶中平均含乳清蛋白 0.86 g，酪蛋白 0.61 g，乳清蛋白∶酪蛋白为 58.54∶41.46。在泌乳初期(15～30 d)乳清蛋白所占比率稍高于中、后期。

3. 驴奶中的脂肪

驴奶中的脂肪含量远低于牛奶，为 1.1%～1.5%，生产中驴奶的脂肪含量测定往往不到 1.0%，这与没有挤净最后一部分驴奶有关，最后一部分驴奶的脂肪含量高。

驴奶脂肪球小，平均直径是 1.92 μm，含量 2.18×10^9 个/mL。驴奶胆固醇含量低，为 2.2 mg/100 g，仅为牛乳的 15%。

驴奶中富含各种短链、中链和长链脂肪酸，也含有大量不饱和脂肪酸。据对喀什关中驴杂交种驴奶脂肪酸测定，饱和脂肪酸占总脂肪酸 37.1%，不饱和脂肪酸占总脂肪酸 62.9%。在不饱和脂肪酸中，单不饱和脂肪酸占 38.95%，多不饱和脂肪酸占 23.95%，亚油酸占总脂肪酸 21.23%，亚麻酸占总脂肪酸 2.72%。有资料报道，驴奶中亚油酸占总脂肪酸 27.32%，亚麻酸占总脂肪酸 3.75%。

4. 驴奶中的乳糖

驴的常乳与初乳相比，蛋白质、脂肪和灰分随时间在逐渐减少，而乳糖在逐渐增加。驴奶常乳的乳糖含量为 6%～7%，高于牛奶，为牛奶的 1.5 倍以上，因此驴奶比牛奶甜。乳糖是由乳腺合成的双糖，水解时变成葡萄糖和半乳糖。

5. 驴奶中的矿物质元素

驴奶中的矿物质元素含量受土壤、饲草、饲料、饮水等多种因素影响。驴奶灰分含量为每 100 g 含 0.40 g，钙(Ca)、磷(P)比值为 0.93～2.37，平均为 1.48。

还有资料表明，采用电感耦合等离子质谱法对驴奶中无机元素进行研究，将无机元素作为整体，通过化学计量学中的主成分分析建立主成分模型，4 个主成分即可全面进行综合评价。Be、Mg、K、V、Cr、Mn、Fe、Zn、Se、Ba、U、Co、Ni、As、TI、Sr 为驴奶中关键指标元素，其综合信息可以反映驴奶中无机元素的主要信息，同时建立无机元素指纹图谱，为驴奶功效作用与微量元素之间的关系提供理论基础。

二、驴奶保健功能

1. 富含免疫因子

驴奶乳清蛋白中富含免疫球蛋白、乳铁蛋白、溶菌酶等免疫因子，具有抗菌、抑菌、调节免疫、调整肠道菌群、中和毒素等多种生物活性功能。有报道，驴奶和人奶饲养的小鼠线粒体活性和解毒酶活性增强，抗氧化物增加。

特别需要指出的是，驴奶中溶菌酶的含量很高，据测定，喀什关中驴杂交种驴奶中溶菌酶的含量为 2.25 g/kg，是人乳的 20 倍，牛乳的 750 倍。溶菌酶是一种能水解致病菌细胞壁的碱性酶，可溶解细菌，并可使病毒失活，具有抗菌、抗病毒、抗肿瘤、消炎等一系列生理作用。近期，有研究表明驴奶溶菌酶对肠道损伤有积极作用，认为驴奶中的溶菌酶对溃疡性结肠炎有缓解作用。

2. 抑制结核杆菌

有研究表明驴奶与马奶有相同保健作用，对结核杆菌生长有明显的抑制效果。

3. 抗微生物活性

驴奶的抗微生物活性对沙门氏菌和志贺痢疾杆菌最敏感。一是通过琼脂扩散法检测到这样的研究结果。二是在 4 ℃和 20 ℃下长期保存，研究驴奶微生物区系的变化，结果同样表明，驴奶明显具有抗沙门菌活性作用，在 20 ℃，1 mL 样品中微生物存活量减少到可检测到的最低水平。生鲜驴奶微生物含量低，在 4 ℃下保存 96 h 后，除大肠杆菌增加 1 log 外，微生物区系无显著变化。

4. 抑制肿瘤细胞增殖

驴奶活性肽能够抑制 A549 肿瘤细胞的增殖，阻滞细胞生长周期；驴奶活性肽还能间接地调节淋巴细胞和巨噬细胞的分泌细胞因子。

5. 免疫活性作用

驴奶表现出的一些免疫活性在治疗人类免疫相关疾病方面，尤其是驴奶诱导一氧化氮可能在预防动脉硬化症方面，具有潜在用途。

有研究发现驴的初乳和常乳都能诱导人外周血单核细胞的免疫球蛋白 A 和免疫球蛋白 G 反应及一氧化氮释放，也能诱导外周血单核细胞中具有免疫调节功能的 CD25 和 CD69 的表达；常乳还有诱导白细胞介素（IL-12，IL-1β 和 IL-10）和肿瘤坏死因子 α 的能力。

病原体和（或）其产物可能起促动脉粥样硬化作用，而驴奶可作为一种血管扩张剂和有效的抗菌剂。此外，驴奶不仅能提高机体的免疫能力，而且对环磷酰胺所造成的免疫低下具有缓解作用。

6. 对胃溃疡的食疗作用

驴奶的密度为 1.04，pH 为 6.95，几乎呈中性，优越的缓冲性能使之成为治疗胃溃疡的理想食品。主要的缓冲成分是蛋白质和磷酸盐类，自然酸度仅为 3.3 °T，远低于牛奶的自然酸度（13.6 °T）。

三、母驴流产

（一）普通流产

1. 自发性流产

（1）胎膜及胎盘异常　胎膜异常往往导致胚胎早期死亡，发生隐性流产。

（2）胚胎过多　因子宫容积所限，胚胎之间相互挤压，生命力弱的胚胎被抑制发育或两者均停止发育。由于驴怀双驹时在胚胎发育后期子宫生长空间不足，子宫营养不够维持两驹生长，常常在妊娠后期发生流产，所以驴应当避免怀双胎。

（3）胚胎停止发育　母驴妊娠早期的胚胎发育停滞是胚胎死亡的一个重要因素。

2. 症状性流产

（1）生殖器官疾病　母驴生殖器官疾病所造成的症状性流产较多。如患阴道脱出及阴道炎时，炎症可以破坏子宫颈黏液栓塞，细菌侵入子宫，引起胎膜炎。

（2）激素失调　孕激素失调往往引起流产。母驴在妊娠早期产生的孕激素是胚胎存活不可缺少的。生殖激素分泌紊乱，子宫环境不能满足胚胎发育的需要，胚胎早期死亡。

(3)非传染性全身性疾病　如疝痛，起卧打滚，可因疼痛反射性地引起子宫收缩，导致早产；引起体温升高、呼吸困难、高度贫血的疾病，均可引起母驴流产。

(4)营养失衡　如妊娠毒血症，饲料搭配严重不当和矿物质含量不足，饲料品质不良及饲喂方法不当，饲喂发霉变质的饲料、有毒的植物或被有毒的农药污染的饲料等。

(5)管理及使用不当　如热应激、腹壁的外伤和踢伤、跌倒、使役过久过重、由舍饲突然转为放牧、惊吓、清晨空腹大量饮水、饥饿后饲喂大量的可口饲料等，都可能引起流产。

(6)治疗及检查失误　全身麻醉，大量采血，服用过量泻剂、驱虫剂，注射可以引起子宫收缩的药物，误给大量激素等可导致流产。

(二)传染性与寄生虫性流产

很多微生物与寄生虫都能引起母驴的流产。它们既可以侵害胎盘及胎儿引起自发性流产，又可以流产作为一种症状，发生症状性流产。如钩端螺旋体、布鲁氏菌、副伤寒沙门氏菌、疱疹病毒等疾病造成的流产。

(三)预防

1. 饲养

保持营养均衡全面，禁止饲喂发霉变质的饲料，不喝冰冷水。

2. 管理

怀孕后期母驴舍饲时应设单槽，避免拥挤导致流产；驴舍要保持安静的环境，饲养人员进入驴舍动作要轻；妊娠期减少使役，妊娠后期以自由活动为主，停止使役。在雨季、寒冷季节交替时要及时清除圈舍的积水，防止贼风，做好御寒措施，特别是在北方。

3. 疾病预防

在妊娠前对流产性疾病进行免疫和净化；保持圈舍清洁、干燥，定期消毒；禁用对孕驴产生流产副作用的药物。对有流产症状的孕驴，及时保胎。若孕驴有过流产的病史，为防止再次发生流产，可根据上次流产的孕期提前 15～30 d 肌内注射适量黄体酮，可抑制子宫平滑肌收缩防止流产；对于有流产病史的母驴再次受孕时，可以挑选出来单圈饲养。

项目六

常见驴病防治

任务一　驴常见传染病防治

【预备知识】

一、破伤风

破伤风又称强直症，俗称锁口风。破伤风是一种人兽共患的外伤性、急性传染病，病原为破伤风梭菌。破伤风梭菌经创伤感染后，产生外毒素引起本病，其特征是驴对外界刺激兴奋性增高，全身或部分肌群呈现强直性痉挛。

该菌在自然界中广泛存在，其芽孢的抵抗力很强，在干燥环境下，经十年仍有活力。破伤风梭菌的芽孢能长期存在于土壤和粪便中，当畜体受到创伤时，因泥土、粪便污染伤口，病菌就可能随之侵入，在其中繁殖并产生毒素，引起此病。潜伏期1～2周。

该病主要是由创伤引起；临床病例中大部分为缰绳勒伤，其次为脐带伤。驴体受到钉伤、鞍伤或去势消毒不严，以及新生驴驹断脐不消毒或消毒不严都极易引起此病。特别是小而深的伤口，而创口又被泥土、粪便、痂皮覆盖，形成无氧条件，则极适合破伤风芽孢的生长而导致发病。

二、炭疽

炭疽是由炭疽杆菌引起的急性、热性、败血性人兽共患烈性传染病，以突然死亡，天然孔出血，血液煤焦油样、凝固不良，尸僵不全，败血症变化，脾脏肿大和皮下、浆膜下结缔组织出血性胶样浸润为临床特征。不同年龄阶段的驴均可感染。本病主要通过采食污染炭疽杆菌芽孢的饲料、饲草或饮水经消化道感染，也可通过呼吸道、损伤皮肤和吸血蚊虫叮咬而感染，多呈散发或地方性流行，主要发生于潮湿炎热季节。

三、大肠杆菌

驴驹大肠杆菌病是一种急性传染病，以剧烈腹泻、内毒素中毒和急性死亡为主要特征，一周龄以内驴驹最易感，一年四季均可发生，呈散发或地方性流行，主要通过污染的乳头、饮水或舔食粪便等经消化道传染，也可经脐带传染，子宫内感染很少见。

四、腺疫

腺疫是由马腺疫链球菌引起的马、驴、骡的一种接触性的急性传染病，中兽医称槽结、喉骨肿。断奶至 3 岁的驴驹易发此病。

五、鼻疽

鼻疽是由鼻疽杆菌引起的马、驴和骡等马属动物的一种接触性、传染性、致死性传染病。临床表现为鼻黏膜、皮肤、肺脏、淋巴结和其他实质性器官形成特异的鼻疽结节、溃疡和瘢痕。人也易感染此病。开放性及活动性鼻疽病畜，是传染的主要来源。鼻疽杆菌随病驴的鼻涕及溃疡分泌物排出体外，污染各种饲养管理用具、草料、饮水，而引起传染。主要经消化道和损伤的皮肤感染，无季节性。

通常认为驴鼻疽最可能的传播途径是通过采食。污染的食物、水和工具能够传播该疾病。研究表明，水源被污染后可将病原从动物传播到人类，并保持感染能力达几个星期。该病菌也可从动物的粪便和破损的皮肤中分离得到。

该病的传播风险因素包括污染和拥挤的圈舍条件。被病原菌污染的动物分泌物可以将病原从一个动物传染到另一个动物。当饲养条件拥挤和不卫生时，鼻疽可能出现流行，所有品种和性别的驴都可能感染，但 2 岁以上的驴更可能出现皮肤鼻疽。尽管该病能在任何季节发生，但其最高的发生率是在非常寒冷的天气下，而驴营养不良，饲养环境较差导致驴更易感。当健康的驴与病驴在一起饲喂，且躯体上有损伤时，蝇也可传播该病。

六、沙门氏菌病

驴沙门氏菌病，别名副伤寒，是一种引起妊娠母驴流产、驴驹关节肿大、下痢和公驴睾丸炎等症状的传染性疾病。一年四季均可发生，春、秋季节多发。一般呈地方流行性。沙门氏菌对干燥环境、日光照射等具有一定的抵抗力，在外界可生存数周或数月。健康动物带菌现象较普遍，致病菌潜藏于消化道、淋巴组织和胆囊内而不致病。当受到应激刺激或机体抵抗力下降时，致病菌被迅速繁殖并引起内源性感染，并通过驴间传播、复壮，在一定范围内传播流行导致发病。

七、流行性感冒

流行性感冒是由A型流感病毒引起的马属动物的急性高度接触性传染病，以发热、咳嗽、流浆液性鼻液为特征。

驴不分年龄、品种均可感染，但以生产母驴、劳役、抵抗力降低和体质差的驴更易发病。气候多变季节易发，主要经呼吸道感染，呈散发或地方性流行。

八、传染性鼻肺炎

传染性鼻肺炎是由马疱疹病毒引起的，以驴驹发热、厌食、流涕、白细胞减少、呼吸道卡他性炎症以及孕畜流产为特征的马属动物传染病。

仅感染马属动物，以1～2岁驴驹多发，妊娠马属动物常在驴驹患病流行1～5个月后出现流产。马属动物是EHV-1和EHV-4的自然宿主，多发于秋季和早春季节，主要经呼吸道传播。犬、鼠类及腐食鸟类可能机械传播本病，常呈地方性流行。EHV-1存在于流产时的排出物中，可通过直接接触（包括交配）传播和间接传播，病毒还可经子宫感染胎儿；EHV-4存在于鼻腔分泌物中，常经呼吸道和消化道传播。

九、传染性胸膜肺炎

传染性胸膜肺炎是马属动物的一种急性传染病。本病多为直接或间接接触传染。发病的多为1岁以上的驴驹和壮年的驴。

本病有厩舍病之称，多因厩舍潮湿、寒冷、通风不良、阳光不足及驴多拥挤造成。虽全年可发病，但以秋、冬季和早春天气骤变时较多发。一般为散发，有时呈地方流行性。防治措施不当时，可持续数年之久。

【技术操作】

一、破伤风防治

1. 消除病原

清除创伤内的脓汁、异物及坏死组织，创伤深而创口小的需扩创，然后用3%过氧化氢或2%高锰酸钾溶液洗涤，再涂5%～10%碘酊。肌内注射青霉素、链霉素各100万IU，2次/d，连续1周。但许多病例，不容易发现伤口。用破伤风抗毒素中和体内毒素是主要治疗手段，同时应配合解痉镇痛药物。在治疗时应结合整体治疗：强心补液，纠正酸中毒，解痉镇痛。为了防止继发感染，可注射青霉素和链霉素。

2. 中和毒素

早期，大剂量注射破伤风抗毒素，首次30万IU，必要时可重复注射20万IU。中、后期，首次注射30万IU，第二、第三天再重复注射2次，每次20万IU。血清可混在5%葡萄糖溶液中注入。

3. 镇静解痉

肌内注射氯丙嗪200～300 mg。也可用水合氯醛溶液20～30 g，混于淀粉浆500～800 mL内灌肠，1～2次/d。等到病驴安静时，可停止使用。

4. 强心补液

每天适当静脉注射5%葡萄糖生理盐水，并加入B族维生素和维生素C各10～15 mL。心脏衰弱时可注射10%安钠咖10～20 mL。

5. 加强护理

要做好静、养、防、遛四个方面的工作。要使病驴在僻静较暗的单厩里，保持安静。加强饲养管理，不能采食的，常喂以豆浆、淀粉糊、稀粥等。能采食的，则投以豆饼等优质草料，任其采食。病驴养护过程中可吊起扶持。对停药观察的病驴要定时观察，防止病驴摔倒，以免造成碰伤、骨折，重症病驴可牵遛，刷拭、按摩四肢。

二、炭疽防治

炭疽作为一种人兽共患急性烈性传染病，对公共卫生安全产生严重威胁，已确诊的患病动物，一般不予治疗，而应尽快销毁。一旦发现本病，应尽快上报疫情，划定疫点、疫区，采取隔离、封锁等措施，禁止疫区内动物交易和输出动物产品及草料。禁止食用患病动物乳肉，而应做无血扑杀处理，疫区、受威胁区所有易感动物进行紧急免疫接种。

三、大肠杆菌防治

早期使用足量抗菌药物，宜选β内酰胺类抗生素联合β内酰胺酶抑制剂的复方制剂（如氨苄西林＋舒巴坦，阿莫西林＋克拉维酸钾）、氨基糖苷类（如庆大霉素、新霉素、卡那霉素）、头孢菌素类（如头孢噻呋钠、头孢喹肟）、四环素类（如土霉素、多西环素）以及磺胺类（如磺胺嘧啶钠、磺胺五甲氧嘧啶）等注射给药。对于腹泻严重者，可考虑在注射抗菌药物的同时，口服难以吸收的喹诺酮类抗生素以取得更好的肠道抗菌效果。

辅助治疗：

1. 解热

解热可选用解热镇痛药（如复方氨基比林注射液、安乃近注射液、对乙酰氨基酚注射液）。

2. 抗炎、补液

抗炎可选用糖皮质激素类药物（如地塞米松磷酸钠注射液、醋酸氢化可的松注射液或醋酸可的松注射液）。补液可选用5%葡萄糖注射液、10%葡萄糖注射液或5%葡萄糖氯化钠注射液。

3. 止泻、防止渗出

止泻可选用活性炭，防止渗出可选用维生素C和钙制剂（如10%葡萄糖酸钙注射液或氯化钙注射液)。

4. 促进肠黏膜恢复、增强肠胃功能

促进肠黏膜恢复可用维生素 B_{12} 注射液、肌苷注射液和腺苷三磷酸注射液，肌内注射。增强肠胃功能可选用B族维生素、益生菌类制剂。

四、腺疫防治

1. 封闭疗法

发病初期，淋巴结呈现轻度硬固肿胀，未化脓时，每日用青霉素、链霉素和普鲁卡因分别在颌下淋巴结周围分点做封闭注射，用药最好现用现配，1次/d，连用3 d，有消炎、杀菌、缩小肿胀作用。

2. 输液疗法

当病驴体温升高，淋巴结硬肿不散，全身症状加重时，用5%葡萄糖氯化钠注射液1 000～1 500 mL加青霉素1 600万IU加地塞米松0.5 g静脉注射，连用3 d。

3. 手术疗法

当颌下淋巴结肿胀较大，指压柔软有波动感时，采用手术疗法。病驴保定好以后，术部剪毛，用酒精消毒，左手将肿大的颌下淋巴结固定，右手持已消毒好的手术刀将刀尖刺入淋巴结内，划一小口，用手挤压，排完脓汁。再用0.1%的高锰酸钾溶液冲洗，然后在术部及周围涂擦消炎药，10 d左右可痊愈。

本病轻者无须治疗，通过加强饲养管理，即可自愈。重者，可在肿胀化脓处涂擦樟脑酒精、10%～20%松节油软膏、20%鱼石脂软膏等。患部破溃后可按外科常规处理。如体温升高，有全身症状，可用青霉素、磺胺治疗，必要时静脉注射。

4. 加强护理

治疗期间要给予富于营养、适口性好的青绿多汁饲料和清洁的饮用水。并注意夏季防暑，冬季保温。

五、鼻疽防治

目前尚无有效疫苗和彻底治愈的疗法。使用土霉素疗法(土霉素2～3 g，溶于15～30 mL 5%氯化镁溶液中，充分溶解，分3处肌内注射，隔日1次)，也仅可临床治愈，病驴仍是带菌者。

六、沙门氏菌病防治

治疗应用链霉素、土霉素肌内注射，连续用药 5 d，停药 2 d，为 1 个疗程。流产母驴阴道有恶露流出时，用 0.2%高锰酸钾溶液 500～1 000 mL 冲洗子宫，1 次/d，直至分泌物流出为止。伴发子宫内膜炎时，将 2～3 个金霉素胶囊放入子宫内。

发生睾丸炎时，每天应用复方醋酸铅散加醋调成糊状，涂擦在睾丸肿胀部，直至消肿为止。若睾丸肿胀时间较长，而且较坚硬，可用 10%松节油软膏涂擦 1～2 次，再用复方醋酸铅散加醋调成糊状涂擦，效果更好。鬐甲部瘘管可用外科疗法进行治疗。

病驴关节肿大时，向关节腔内注射环丙沙星或恩诺沙星、普鲁卡因和醋酸泼尼松，间隔 5 d 再注射 1 次。腹泻的病驴，可口服氟苯尼考和盐酸小檗碱。

七、流行性感冒防治

本病尚无特效治疗药物。防止继发细菌感染可选用抗菌药物，如青霉素类（青霉素、氨苄西林等）、头孢菌素类（如头孢噻呋钠）、氨基糖苷类（如庆大霉素）、喹诺酮类（如恩诺沙星）、大环内酯类（如替米考星）等注射给药。

辅助疗法：

1. 解热、抗炎

解热可选用解热镇痛药（如复方氨基比林注射液、安乃近注射液、对乙酰氨基酚注射液等）。抗炎可选用糖皮质激素类药物（如地塞米松磷酸钠注射液、醋酸氢化可的松注射液或醋酸可的松注射液等）。

2. 祛痰

祛痰可选用复方樟脑酊或杏仁水，灌服。

3. 补液、增强机体抵抗力

补液可选用 5%葡萄糖注射液、0.9%生理盐水、10%葡萄糖注射液或 5%葡萄糖氯化钠注射液等，静脉注射。增强机体抵抗力可选用黄芪多糖注射液，肌内注射。

八、传染性鼻肺炎防治

本病尚无有效的治疗方法。流产母驴无须治疗,单纯的鼻肺炎病驴也无须治疗,只要加强管理,注意让其休息,可自愈。防止继发细菌感染可选用青霉素类(如青霉素、氨苄西林)、头孢菌素类(如头孢噻呋钠)或磺胺类(如磺胺嘧啶钠、磺胺间甲氧嘧啶钠)等抗菌药物注射给药。中药可选清肺止咳散:当归、桔梗各 20 g,知母、贝母、桑白皮、瓜蒌、黄芩、木通各 25 g,甘草 20 g,款冬花 30 g,开水冲服,1 剂/d,连用 3～5 剂。

九、传染性胸膜肺炎防治

1. 治疗

青霉素 240 万 IU,5%普鲁卡因 20 mL,混合后在病驴喉头周围封闭注射,2 次/d。20%葡萄糖 200 mL、头孢唑啉钠 2 g、安钠咖 20 mL、维生素 C 20 mL 混合 1 次静脉注射,1 次/d。

2. 中药治疗

荆芥、防风各 40 g,羌活、独活、柴胡、前胡各 25 g,川芎、枳实、桔梗、玄参、山豆根、牛蒡子各 25 g,麦冬、杏仁、冬花、紫菀各 20 g,生姜、甘草各 15 g,共研为细末,开水调为糊状,候温 1 次灌服,1 剂/d。

【生产经验】

一、破伤风

由于运动神经中枢受病菌毒素的毒害,而引起全身肌肉持续的痉挛性的收缩。病初,肌肉强直常出现于头部,随着病程逐渐发展到其他部位。开始时两耳竖直,鼻孔开张,颈部和四肢僵直,步态不稳,全身动作困难,高抬头或受惊时,瞬膜外露更加明显。随后咀嚼、吞咽困难,牙关紧闭,头颈伸直,四肢开张,关节不易弯曲,背腰板硬,尾翘,姿势像木马一样。声响、强光、触摸等刺激都能使痉挛加重。呼吸快而浅,鼻翼扇动,黏膜缺氧呈蓝紫色,脉细而快,偶尔全身出汗,后期体温可上升到 40 ℃以上。

如病势轻缓，还可站立，稍能饮水吃料。病程延长到 2 周以上时，经过适当治疗，常能痊愈。如在发病后 2～3 d 牙关紧闭，全身痉挛，心脏衰竭，又有其他并发症者，多易死亡。

二、炭疽

多取急性或亚急性经过。病初体温升高，出汗，呼吸困难，有剧烈腹痛，往往于咽喉部、颈、胸前、肩胛、下腹及外阴部出现出血性水肿，也可出现炭疽痈。死后多数病驴天然孔出血。病程多为 8～36 h，很少有超过 3 d 的。

病变特点是尸体迅速腐败、腹部异常膨胀，尸僵不全，天然孔出血，血液凝固不良，呈煤焦油样；可视黏膜发绀、出血；尸体各部皮下组织可见出血和胶冻样浸润；淋巴结肿大、充血，切面潮红；脾脏高度肿大、外膜紧张，易破裂，脾髓呈暗红色；十二指肠和空肠常发生弥散性和局限性的出血性坏死性肠炎，可见肠炭疽痈。

三、大肠杆菌

驴驹体温突然升高达 40 ℃以上，剧烈腹泻，肛门失禁，不断流出液状粪便，呈白色或灰白色，内含大量黏液，有时混有血液；精神委顿，哺乳时站立困难，最后高度衰弱，几天内死亡；病程长者，下痢和便秘可交替出现，关节肿胀，出现跛行。

剖检见胃肠黏膜脱落，有点状出血。小肠、盲肠和结肠都有出血性炎症。心内外膜有出血点。脾脏肿大，包膜有出血点，淋巴结肿大。病程长的关节肿大，关节内有多量混有纤维蛋白的红黄色液体。

四、腺疫

典型临床症状为体温升高，上呼吸道及咽黏膜呈现表层黏膜的化脓性炎症，颌下淋巴结呈急性化脓性炎症，鼻腔流出脓液。各种年龄驴都可发病，以 1 岁左右的驴驹最易感染，传播快，发病率高。该病多发于秋、冬季节和初春，呈地方流行或散发。病驴康复后可终身免疫。

病原为马腺疫链球菌。病菌随脓肿破溃和病驴喷鼻、咳嗽排出体外，污染空气、草料、水等，经上呼吸道黏膜、扁桃体或消化道感染健康驴。该病潜伏期平均 4～8 d，有的 1～2 d。

病初体温升高达 39.0～40.5 ℃，精神委顿，食欲减少，结膜潮红黄染，鼻腔流出黏液性甚至脓性鼻液。当炎症继发至咽喉部时，病驴头颈伸直而僵硬，出现咳嗽、呼吸和吞咽困难。颌下淋巴结肿大如鸡蛋大，用手触摸热、硬，指压痛感明显。病程长短不定，如不及时治疗，极个别因极度衰弱或继发脓毒败血症而死亡。

由于驴体抵抗力的强弱和细菌的毒力以及数量的不同，在临床上可出现三种病型。

1. 一过型

主要表现为鼻、咽黏膜发炎，有鼻液流出。颌下淋巴结有轻度肿胀，体温轻度升高。如加强饲养，增强体质，则病驴常不治而愈。

2. 典型型

病初病驴精神沉郁，食欲减少，体温升高到 39～41 ℃。结膜潮红黄染，呼吸、脉搏增数，心跳加快。继而发生鼻黏膜炎症，并有大量脓性分泌物。咳嗽，咽部敏感，下咽困难，有时食物和饮水从鼻腔逆流而出。颌下淋巴脓肿破溃，流出大量脓汁，这时体温下降，炎性肿胀也逐渐消退，病驴逐渐痊愈。病程为 2～3 周。

3. 恶性型

病驴由于抵抗力很弱，马腺疫链球菌可由颌下淋巴结蔓延或转移，而发生并发症，致使病情急剧恶化，预后不良。常见的并发症如体内各部位淋巴结的转移性脓肿，内部各器官的转移性脓肿以及肺炎等。不及时治疗，病驴常因脓毒败血症而死亡。

五、鼻疽

根据鼻疽的临床症状，一般可分为 4 种类型：鼻腔型、皮肤型、肺脏型、无症状携带者型。前 3 种类型一般可以互相转化，且鼻腔型和皮肤型常呈开放性，持续向外排菌。但该病常以肺鼻疽开始。

1. 鼻腔型

鼻疽主要症状是鼻黏膜潮红，鼻炎，鼻孔流出浆液性或黏液性鼻液，上呼吸道出现结节或溃疡。溃疡通常出现在鼻甲骨的下端，鼻中隔软骨之上，结节坏死后崩溃，形成溃疡边缘不整而稍隆起，底部凹陷，溃疡面呈灰白色或黄白色，破溃后流出带血的黏性、脓性分泌物。

2. 皮肤型

鼻疽主要发生于四肢、胸侧及腹下，以后肢较多见。主要是皮肤形成结节、脓疱、溃疡。结节通常沿着淋巴管呈链状分布，形成串珠样水肿，病肢发生浮肿、变粗，形成橡皮腿。最初，局部皮肤发生热、痛的炎性肿胀，而后肿胀中心出现结节，然后破溃形成深陷的坑状溃疡，边缘不整，如火山口底部呈现黄白色肥肉样，不易愈合，并有浓厚、黄色、黏性、脓性黏液流出，且含有大量病菌。

3. 肺脏型

肺鼻疽是该病最常见的临床表现形式。临床上出现鼻出血或咳出带血黏液，干性无力短咳，呼吸次数增加，肺部啰音。剖检特征是在肺组织中形成圆的、灰色的、坚硬的、胶块状的结节包埋，或出现不连续的、颗粒状肉芽肿结节，结节中心坏死，中性粒细胞退化。咳嗽和高热则说明支气管肺炎的发生，是急性病例的特征。

4. 无症状携带者型(隐性感染)

病畜在驴鼻疽发展几个月后无显著的临床症状出现。感染的驴从外观上看，完全健康，但是持续带菌，且鼻疽菌素试验为阳性，无可见的明显皮肤损伤和结节出现。

六、沙门氏菌病

孕驴以流产为特征。流产前常无先兆而突然发生，妊娠后期可有轻微腹痛、战栗、出汗，频频排尿，乳房肿胀，阴道流出血样液体。流产时，通常是胎儿、胎衣一起排出，很少有胎衣停滞。流产后，恶露呈红色、灰白色，逐渐自愈。继发子宫炎，体温高，全身症状严重，阴道流污秽不洁的红褐色腥臭液体。可因败血症而死亡。

流产胎儿病变为胎膜水肿、增厚，表面附有糠麸样物质，部分胎膜呈污红色坏死。羊水浑浊，呈淡黄色或紫红色。胎儿皮肤、黏膜、浆膜及实质脏器呈现黄染和出血性败血症变化，个别脏器发生坏死。

七、流行性感冒

由于个体差异，临床上常表现以下三种类型。

1. 一过型

比较多见，表现咳嗽，流清鼻液，体温正常或稍高，而后很快下降；精神及全身变化不明显，7 d左右可自愈。

2. 典型型

病驴精神沉郁，全身无力，体温升高，呼吸心跳增速；初期流水样鼻液，随后转为浑浊黏稠呈灰白色，个别呈脓样或混有血液；剧烈咳嗽，病初干咳疼痛，咳嗽声短而粗，几天后变为湿咳，咳声低而长，痛苦减轻；有的驴在受冷空气、尘土刺激后，或运动时咳嗽显著加重。个别病驴四肢或躯干出现浮肿。

3. 非典型型

如对病驴护理不好，治疗不当，发病后继发支气管炎、肺炎、肠炎以及肺气肿和肺泡破裂等，可引起死亡。体温可出现持续性高热或反复性高热，流大量鼻液。

八、传染性鼻肺炎

鼻肺炎型：潜伏期 2～3 d，多发于驴驹，体温升高达 39.5～41.0 ℃，并持续 1～4 d，流浆液或黏液脓性鼻液，鼻黏膜及眼结膜充血，颌下淋巴结肿大，食欲降低，白细胞减少，经 4～8 d 恢复正常。

流产型：潜伏期 1～5 个月，常无前驱症状而流产，流产后又迅速恢复正常，且不影响受孕，流产胎儿多为死胎或产后数小时至数天死亡。少数母驴出现神经症状、共济失调、后肢和腰麻痹或瘫痪。

剖检可见流产胎儿可视黏膜黄染，皮下不同程度水肿及出血。多数胎驹在心肌、脾及肝脏的包膜下有小点出血，肺水肿，胸腔积液。患呼吸道症状的病例常有肺水肿，心外膜出血，胸、腹腔及心包腔积液，肝充血、肿大且有散在灰白色或黄白色坏死灶。组织病理学检查见有特征性嗜酸性核内包涵体。淋巴组织及淋巴结呈现以细胞核破裂为特征的坏死。

九、传染性胸膜肺炎

本病潜伏期一般为10～60 d。患畜精神沉郁，低头耷耳，拱腰挟尾，呆立不动或卧地不起，食欲减退，眼睑半闭，结膜肿胀充血，畏光流泪，鼻黏膜潮红，流浆液性或黏性鼻液，时有喷鼻，继发异物性肺炎时，流污秽恶臭的脓性鼻液，喉部敏感，颌下淋巴结肿胀，频频咳嗽，呼吸浅表，呼吸数为20～70次/min，脉搏数为60～100次/min，体温为39.5～41.5 ℃，稽留2～3 d徐徐降至常温。

根据临床表现，可分为典型和非典型（一过型）胸疫，其中一过型胸疫较为多见。

1. 典型胸疫

本型较少见，呈现纤维素性肺炎或胸膜炎症状。病初突发高烧40 ℃以上，稽留不退，持续6～9 d或更长，以后体温突然降低或逐渐降低。如发生胸膜炎时，体温反复。病驴精神沉郁，食欲废绝，呼吸、脉搏增加。结膜潮红水肿，微黄染。皮温不整，全身战栗。四肢乏力，运步强拘。腹前、腹下及四肢下部出现不同程度的浮肿。

病驴呼吸困难，次数增多，呈腹式呼吸。病的初期流水样鼻液，偶见痛咳，听诊肺泡音增强，有湿性啰音。中后期流红黄色或铁锈色鼻液，听诊肺泡音减弱、消失，到后期又可听见湿性啰音及捻发音。经2～3周恢复正常。炎症波及胸膜时，听诊有明显的胸膜摩擦音。

病驴口腔干燥，口腔黏膜潮红带黄，有少量灰白色舌苔。肠音减弱，粪球干小，并附有黏液；后期肠音增强，出现腹泻，粪便恶臭，甚至并发肠炎。

2. 非典型胸疫

非典型胸疫表现为一过型，较多见。病驴突然发热，体温达39～41 ℃。全身症状与典型胸疫初期相同，但比较轻微。呼吸道及消化道往往只出现轻微炎症，咳嗽，流少量水样鼻液，肺泡音增强，有的出现啰音。及时治疗，经2～3 d后，很快恢复。有的仅表现短时体温升高，而无其他临床症状。

非典型的恶性胸疫，多因发现太晚、治疗不当、护理不周所造成。

【拓展知识】

一、破伤风

主要是抓好预防注射和防止外伤的发生。实践证明，坚持预防注射，完全能防止此病发生。定期注射破伤风类毒素疫苗，每头用量 2 mL，注射 3 周后即可产生免疫力，可持续免疫 5 年左右的时间。驴有外伤时要及时治疗，可肌内注射破伤风抗毒血清 1 万～3 万 IU，同时注射破伤风类毒素疫苗 2 mL。

二、炭疽

1. 做好检疫防疫工作

在疫区和常发病地区，可接种无毒炭疽芽孢疫苗和Ⅱ号炭疽芽孢疫苗，皮下接种 14 d 后产生免疫力，免疫期为 1 年。

2. 尸体无害化处理

病死驴要坚决做到“四不准、一处理”，不准宰杀、不准食用、不准出售、不准转运，按规定进行无害化处理，防止病原污染环境。被污染的土壤要铲除 15～20 cm，并与 20％漂白粉混悬液混合后深埋。圈舍及环境用 20％漂白粉混悬液或 10％氢氧化钠喷洒；死尸天然孔及切开处，用 2％氢氧化钠浸泡的脱脂棉或纱布堵塞，连同粪便、垫草一起焚烧。

三、大肠杆菌

加强饲养管理，搞好环境卫生，及时清除粪便，厩床、运动场要保持清洁和干燥，防止驴驹舔食粪便和污物。注意新生驹采食足够的初乳。

四、腺疫

1. 加强饲养管理

在发病季节之前，对易感的驴驹给予优质饲料和清洁的饮水，保持厩舍清洁、干燥和通风，防止感冒，增强机体抵抗力。

2. 日常检查

在发病季节，对易感的驴驹要注意观察，发现病畜立即隔离和及时治疗。

3. 加强预防

厩舍及环境用10%石灰水或1%～2%福尔马林消毒。病驴的粪便和污物应通过堆肥发酵，再用3%的来苏尔消毒处理。对断奶驴驹应加强饲养管理，加强运动锻炼，注意优质草料的补充，增进抵抗力。发病季节要勤检查，发现病驹立即隔离治疗，其他驴驹可用磺胺类药物拌料预防，第一天给 10 g、第二天给 5 g、第三天给 5 g。也可以注射马腺疫灭活菌苗进行预防。

五、鼻疽

首先，要加强饲养管理，控制传播途径；固定用具，不喂污染草料；定期对所有驴进行马来因(鼻疽菌素)试验，扑杀所有感染的驴，以及加强消毒。病驴要及时淘汰，对污染的环境严格消毒；不从疫区引入驴。其次，要做到每年春、秋两季的检疫，检出的阳性病驴要及时扑杀、深埋。

六、沙门氏菌病

加强饲养管理工作，提高抵抗力。接种驴(马)沙门氏菌病疫苗，灭活苗或弱毒冻干菌苗，每年 2 次，11—12 月、5—6 月各 1 次，每次间隔 7 d 注射 2 次，第一次 1 份，第二次 2 份。

种公畜不接种弱毒活菌苗，在配种前用试管凝集反应检查，阳性反应的种畜应淘汰或不作为种用、隔离治疗，呈阴性反应的方可配种。

发病时，立即隔离治疗。流产的胎儿、胎衣等应深埋。被污染的场所和用具等严格消毒，垫草烧毁。

母驴在流产 2 个月后，生殖道恢复正常方可配种。

七、流行性感冒

流感病毒容易变异，因此，给疫苗的研究带来困难。目前世界上大多数国家采用马流感病毒灭活苗。一般选用具有代表意义的甲Ⅰ型和甲Ⅱ型毒株制成的二价苗或多价苗。加强饲养管理，增强体质，勿过度使役；注意疫情观测，掌握疫情动态,提早做好消毒、隔离、检疫等工作。发生疫情时,对圈舍、运动场及用具应严格消毒。

八、传染性鼻肺炎

1. 做好防疫

平时应加强饲养管理,严格执行兽医卫生防疫制度。育成驴和母驴分开饲养,发病驴要立即隔离,不准调动,不让接触孕驴。流产驴至少要隔离6周。

2. 加强消毒

对被污染的垫草、饲料及流产排出物要彻底消毒,厩舍、运动场、工作服及各种用具应清洗消毒。

3. 做好疫苗接种

免疫接种可用EHV1和EHV4二价灭活疫苗或培养传代致弱的弱毒疫苗。

九、传染性胸膜肺炎

平时要加强饲养管理,严格遵守卫生制度,特别是冬春季节要补料,给予充足的饮水,以提高驴的抵抗力。要注意圈舍干燥,通风良好。发现病驴,立即隔离治疗。被污染的厩舍及饲养用具,用2%～4%氢氧化钠溶液或3%来苏尔溶液消毒。粪便要进行发酵处理。

任务二 驴常见寄生虫病防治

【预备知识】

一、胃蝇蛆病

胃蝇蛆病是由胃蝇科胃蝇属不同种类胃蝇的幼虫寄生于马、驴等马属动物胃肠道内所引起的一种寄生虫病。使宿主高度贫血、消瘦、中毒，严重感染时可导致动物死亡。病原为胃蝇蛆的幼虫。

二、绦虫病

幼年驴较成年驴多发，夏秋季多发，主要经呼吸道感染，呈散发或地方性流行。裸头绦虫病是由裸头科裸头属的大裸头绦虫、叶状裸头绦虫和侏儒副裸头绦虫寄生于马属动物消化道所引起的，其中叶状裸头绦虫感染较为常见。

三、蛲虫病

蛲虫病又称尖尾线虫病，是由尖尾科的马尖线虫寄生于马、骡和驴等马属动物的盲肠和结肠引起的一类线虫病。本病分布于世界各地，尤其在饲养管理较差的条件下具有较高的发病率。病原为寄生于驴体内的尖尾线虫，主要是马尖尾线虫，虫体粗壮呈白色，如火柴杆状。

四、圆线虫病

驴的圆线虫病是由圆线目的线虫所引起的一种感染率高、分布广泛的肠道线虫病，是马属动物的重要寄生虫病之一。根据虫体大小一般分为大型圆线虫和小型圆线虫，其中大型圆线虫危害最为严重，我国各地的马属动物均有较高的感染率。

本病常造成幼年驴发育不良，成年驴引起慢性肠卡他，尤其当幼虫在体内移行时，引起动脉炎、血栓性腹膜炎，甚至可导致死亡。寄生于驴体内的大型圆线虫主要有普通圆线虫、无齿圆线虫和马圆线虫。

五、副蛔虫病

蛔虫病是驴(特别是驴驹)的常见蠕虫病。此病广泛的流行于各地。在拥挤、卫生条件差的厩舍，不仅驴驹严重感染，成年驴的肠内也常有多量蛔虫寄生。病原为驴副蛔虫。

六、疥螨病

驴疥螨病又称疥疮、疥癣或癞病，是由疥螨科、疥螨属的马疥螨寄生于驴的皮肤内，引起以剧痒、结痂、脱毛和皮肤增厚为特征的一种顽固性、接触性、传染性皮肤病。疥螨虫体较小，长 0.2～0.5 mm。

七、梨形虫病

驴梨形虫病是由蜱传播的，因此本病的发生随着蜱的活动呈现出明显的地区性和季节性。马、骡对本病也易感，以马多见，我国各地均有发生。驴梨形虫病病原寄生在驴的红细胞内。

【技术操作】

一、胃蝇蛆病防治

1. 伊维菌素和阿维菌素

按每千克体重 0.2 mg 的剂量，皮下注射或 1 次拌入饲料喂服。

2. 埃普利诺菌素

按每千克体重 0.4 mg 的剂量，1 次皮下注射。

3. 精制敌百虫

成年驴 9～15 g，驴驹 5～8 g 或按每千克体重 30～70 mg，配成 10%～20% 水溶液，一次内服，用药后 4 h 内禁饮，效果确实。

4. 口腔内寄生的幼虫

可涂擦 5%敌百虫豆油（敌百虫加于豆油内加温溶解）。涂 1～3 次即可。也可用镊子摘除虫体。

二、绦虫病防治

1. 西药治疗

阿苯达唑每千克体重 5～10 mg，口服；吡喹酮每千克体重 10 mg，口服；噻嘧啶每千克体重 10 mg，配成溶液灌服；氯硝柳胺每千克体重 50 mg，口服；硫双二氯酚每千克体重 10～20 mg，配成 10％溶液，灌服。

2. 中药治疗

新鲜磨碎的槟榔，成年驴 20～30 g 装入胶囊，禁食 24～36 h 后投服，服后 6 h 如胃肠蠕动不增强，应给油类泻剂。

3. 辅助治疗

驱虫治疗的同时需酌情采取如下辅助治疗措施。

(1)防止继发细菌感染　可选用青霉素类(如青霉素、氨苄西林)、头孢菌素类(如头孢噻呋钠)等，注射给药。

(2)止血　可选用维生素 K 和酚磺乙胺，注射给药。

(3)镇静　可选用舒泰。

(4)补液　可静脉注射 5％葡萄糖注射液、10％葡萄糖注射液或复方氯化钠注射液等，连用 3～5 d。

三、蛲虫病防治

1. 对症治疗

用苯酚软膏涂抹于肛门周围及会阴部以杀灭虫卵和进行止痒。

2. 体内驱虫

一般的线虫驱虫药对蛲虫均有显著效果。阿苯达唑，按每千克体重 10 mg，一次口服；伊维菌素，按 0.3 mg，一次口服或皮下注射；噻苯达唑，按每千克体重 10 mg，一次口服。敌百虫，按每千克体重 50 mg，一次口服。

四、圆线虫病防治

驱肠道成虫，可用阿苯达唑，按每千克体重 20 mg，一次口服；噻苯哒唑，按每千克体重 50 mg，一次口服；噻嘧啶，按每千克体重 15 mg，一次口服。对于幼虫引起的疾病，特别是栓塞性疝痛，主要是对症进行常规疝痛治疗。

五、副蛔虫病防治

对驴蛔虫的驱除，敌百虫有良效。按每千克体重 0.03～0.05 g 调制为 5％

溶液灌服。噻苯哒唑，按每千克体重 50 mg，一次口服；噻嘧啶，按每千克体重 15 mg，一次口服。

六、疥螨病防治

1. 涂擦、喷淋或药浴

3%的敌百虫溶液涂擦患部；巴胺磷 125～250 mg/L、溴氰菊酯 50～60 mg/L、氰戊菊酯 80～200 mg/L 等外用杀虫药物进行局部涂擦、喷淋或药浴。香精油、5%茶树油、20%柠檬油、楝树油和樟脑油等植物提取物也有很好的杀螨作用。外用杀螨药可用于喷雾和涂擦圈养动物厩舍与运动场的杀虫。

2. 口服或皮下注射

伊维菌素，按每千克体重 0.2～0.3 mg，一次口服或皮下注射，间隔 7 d 后进行第 2 次用药治疗；多拉菌素，按每千克体重 0.3 mg，一次肌内注射；埃普利诺菌素，按每千克体重 0.4 mg，一次皮下注射；莫西菌素，按每千克体重 0.2 mg，一次口服或皮下注射。氯氰碘、柳胺钠和阿维菌素类药物也是高效杀螨药物。

七、梨形虫病防治

1. 贝尼尔

贝尼尔治疗驴梨形虫病疗效好，副作用小，按每千克体重 3.7 mg，用蒸馏水或生理盐水配成 7%溶液，深部肌内注射，通常 1 次可愈。必要时，第 2 天再注射 1 次。

2. 黄色素

黄色素按每千克体重 0.003～0.004 g，以生理盐水配成 0.9%～1%溶液，滤过后在水浴锅中灭菌 30 min 候温静脉注射。注射时，要防止漏到皮下，一般用药后 24～30 h，体温就可下降。必要时，可进行第 2 次注射，但肝脏、肾脏等实质器官有慢性炎症者慎用。

3. 阿卡普林

阿卡普林，按每千克体重 0.001～0.006 g，配成 5%水溶液，皮下或肌内注射。48 h 后再注射 1 次，效果更为确实。有的病驴注射后会出现腹痛、体温升高、腹泻、心跳加快、出汗、肌肉震颤、流涎等副作用，可采取强心补液等对症疗法处理。

4. 台盼蓝

台盼蓝，按每千克体重 0.005 g，以生理盐水配成溶液，加温使充分溶解，用棉花过滤。在水浴锅中灭菌 3 min，静脉注射。注射时，防止漏入皮下，以减少副作用。药液温度保持在 37 ℃左右，注射速度要慢，并注意观察全身反应，病驴发生肌肉震颤、出汗或体躯摇晃等现象时要防止其跌倒，反应严重时停止注射，剩余药液于 12 h 后再用。注射后体温不降，第 2 天可再注射 1 次。

【生产经验】

一、胃蝇蛆病

胃蝇对马属动物的危害主要是由其幼虫的寄生造成的。胃蝇的幼虫在其整个寄生期间均有致病作用，但病情轻重与宿主动物的体质、幼虫数量以及寄生部位密切相关。体质较弱的动物寄生有大量幼虫（几百个至上千个）时，则出现与寄生部位相一致的明显临床症状。在口腔内寄生时，病驴表现为咀嚼吞咽困难，咳嗽、流涎、打喷嚏，有时饮水从鼻孔流出。幼虫移行到胃及十二指肠后，由于损伤胃肠黏膜，引起胃肠壁水肿、发炎和溃疡，常表现为慢性或出血性胃肠炎症状，导致胃功能障碍。幼虫吸血，加之虫体毒素作用，使驴出现营养障碍为主的症状，如食欲减退、消化不良、贫血、消瘦、腹痛等，甚至逐渐衰竭死亡。幼虫寄生部位呈火山口状，伴以周围组织的慢性炎症甚至造成胃穿孔和较大血管损伤以及继发细菌感染。如果直肠有幼虫寄生则引起直肠充血、发炎，病驴频频排粪或努责，又因幼虫刺激而发痒，患畜摩擦尾根，引起尾根损伤、发炎、尾根毛逆立，有时兴奋和腹痛。

二、绦虫病

不同种类的绦虫寄生部位也不同，病初均表现食欲减退，消化不良，精神沉郁，腹围增大，被毛逆立，粪有血液和黏液，渐进性消瘦，有重复的癫痫发作有时因疝痛卧地不起，回顾腹部，呻吟，呈慢性经过；有的严重贫血，衰竭而死，尸体消瘦，剖检可见小肠和结肠有卡他性炎症或溃疡，病灶区有多量黏液和虫体。

三、蛲虫病

蛲虫的成虫寄生于大肠内时的致病作用较轻。感染强度较大时，幼虫可引起寄生处的炎性浸润，幼虫能分泌溶蛋白酶，使肠黏膜液化而作为其营养来源。蛲虫主要致病作用表现为雌虫在肛门周围产卵时分泌的胶样物质有强烈刺激作用，能引起剧烈肛痒，使会阴部发炎，病驴经常摩擦后体，以致被毛脱落，皮肤肥厚，尾毛逆立蓬乱，甚至使尾根部形成胼胝，皮肤破溃，引起继发性感染及深部组织损伤。病驴常烦躁不安，影响食欲，精神萎靡，胃肠道障碍，营养不良、消瘦。

四、圆线虫病

圆线虫对驴的危害主要是由于肠内寄生（成虫）和肠外移行（幼虫）而导致的。成虫大量寄生于肠道时，以宿主动物的血液为食，不仅可造成肠道卡他性炎症、创伤和溃疡，而且虫体可分泌溶血素、抗凝血素，造成伤口难以愈合，使血液大量流失，造成宿主严重贫血。幼虫移行对驴造成的危害常常要大于成虫，可引起动脉炎，进而形成动脉瘤和血栓性疝痛，导致肠扭转、肠套叠、肠破裂等，在临床上常表现为便秘、腹痛等症状。

五、副蛔虫病

驴感染后是否出现症状决定于动物年龄，感染程度，机体抵抗力及免疫性。成年驴常是带虫状态。驴驹患病后症状明显。

当幼虫移行期，肠内尚无成虫出现时，患驹表现肠炎下痢（持续 3～4 d），然后呈现支气管肺炎伴发咳嗽（出现于感染后 6～9 d），由鼻孔流出浆液-黏液性分泌物，一时性体温升高，有时表现神经兴奋。这些症状 4～7 d 后逐渐消失。

当虫体在小肠内发育成熟时，临床症状重新出现。表现为胃肠道慢性功能障碍和肠卡他：腹泻便秘交替，采食异常（异嗜），常出现腹疼痛，逐渐消瘦。可视黏膜苍白，血液中红细胞及血红蛋白减量，血沉加快，淋巴细胞稍增加，嗜酸性细胞明显增多。

有的患驹发生神经症状，表现强直性痉挛，后躯不全麻痹，甚至出现狂暴症状。

六、疥螨病

疥螨病的流行具有季节差异，一般春、冬季节发病率明显高于夏、秋季节。幼年驴比成年驴更易遭受疥螨侵害，发病较严重，随着年龄的增长，抗螨力也随之增强。体质瘦弱，抵抗力差的驴易受感染。反之，体质强壮、抵抗力强的驴则不易感染。潮湿、阴暗、拥挤的驴舍，饲养管理差和卫生条件不良，是促使螨病蔓延的重要因素。

驴患病后的主要症状以剧痒，皮肤脱毛、增厚、弹性降低，消瘦为特征。病初在病驴头部、颈部和肩部的皮肤出现损伤，被毛较长的部位一般受其侵害较轻。早期症状为强烈痛痒，出现丘疹和小泡，患驴会出现用蹄瘙痒或在墙壁、栏栅等处摩擦患病皮肤现象，导致发展成急性皮炎，皮肤迅速鳞屑化随后结痂、掉毛、皮肤增厚。痂皮硬固，不易剥离，以颈部皮肤病变最严重。病情严重的可蔓延至全身，导致虚弱无力，全身衰竭，厌食。病程长，预后差，尤其是感染严重而体质差的病例更是如此。

七、梨形虫病

病驴体温升高到 39.5～41.5 ℃，呈稽留热，精神沉郁，运步不稳。随着病驴大量红细胞被破坏，血液中胆红素增多，可视黏膜贫血、黄疸，直肠和阴道黏膜最为明显。往往在瞬膜及其他黏膜上出现大小不等的出血点和出血斑。食欲减退，粪球附着多量黏液偶有血丝，个别病驴发生腹泻。胸前、腹下水肿，尿呈深黄色，豆油状，个别出现血红蛋白尿。心搏动亢进，节律不齐，脉象细数，呼吸迫促。病势发展很快，几天之内病驴明显消瘦。妊娠母驴发病后易流产或早产。

【拓展知识】

一、胃蝇蛆病

1. 预防性驱虫

每年秋、冬季节，按每千克体重 30～40 mg 剂量，一次投服兽用精制敌百虫；或按每千克体重 0.2 mg 皮下注射伊维菌素或阿维菌素。这样既能保证驴安全度过冬春季节，又能消灭未成熟的幼虫，达到消灭病原的目的。

2. 清除驴体表的虫卵

可重复用热醋洗刷，使幼虫提早脱离卵壳，并使卵上的黏胶物质溶解。也可以用点着的酒精棉球烧燎被毛上的虫卵。

3. 防止环境污染

及时消灭患驴排出的成熟幼虫，用理化方法消灭粪便中的幼虫。

二、绦虫病

加强饲养管理，预防性驱虫要集中进行，并对排出的粪便做灭虫处理，以免散布虫卵扩大感染。避免清晨、黄昏和雨天放牧，以减少感染机会。消灭地螨，消灭中间宿主。

三、蛲虫病

预防驴蛲虫病的关键是要做好厩舍的卫生工作，饲槽、柱栏、用具均应经常消毒，保持饲料、饲草和饮水的清洁卫生，发现病驴立即驱虫，并严格进行周围环境的消毒及杀灭虫卵的工作。

四、圆线虫病

每年对所有驴进行 2 次预防性驱虫，每天清扫粪便，集中发酵处理。同时要注意饲料卫生和饮水卫生。

五、副蛔虫病

经常进行驴健康检查，对驴驹应做粪便检查。发现蛔虫病后及时全面驱虫，并妥善处理驱虫期间病驴排出的虫体和粪便。驱虫后 1 周抽查部分驴粪。必要时还应进行第 2 次驱虫。妊娠母驴在分娩后 1 周左右进行驱虫，然后饲养在清洁厩舍内。

坚持厩舍和驴场日常清洁工作，将粪便运送到远离厩舍和草场的地方堆积发酵。还应定期进行大清扫和消毒。

六、疥螨病

保持驴舍清洁干燥、通风、透光、不拥挤。经常刷洗驴体表，定期用杀螨剂喷洒厩舍和用具。在疥螨病的常发地区定期对驴进行检查，一旦发现可疑驴，立即隔离治疗。新引进的驴，隔离观察 15～30 d，确诊无螨后方能合群。兽医和饲养人员接触患病驴时应进行严格的安全防护，以防人体感染。

七、梨形虫病

在梨形虫流行地区灭蜱，每年应在蜱出现的季节前，发动群众开展防蜱灭蜱工作。在流行季节经常检查驴体，随时消灭驴体上的蜱。此外，要注意观察驴群，做到早发现、早确诊、早治疗。

任务三　驴常见内科病防治

【预备知识】

一、食道阻塞

食道阻塞俗称“草噎”，是由于吞咽的食物或异物过于粗大、吞咽过急和咽下机能障碍，导致食道梗阻的一种疾病。堵塞物除日常饲料外，还有马铃薯、甜菜、萝卜等块根块茎或骨片、木块等异物。

1. 原发性食道阻塞

多因车船运输、长途赶运使其陷于饥饿状态，当饲喂时，采食过急，摄取大口草料(如谷物和糠麸)，咀嚼不全，唾液混合不充分，匆忙吞咽而阻塞于食道中；在采食草料、小块豆饼、胡萝卜等时，因突然受到惊吓，吞咽过急而引起。也有因全身麻醉，食道神经功能尚未完全恢复时采食，从而导致阻塞的病例。

2. 继发性阻塞

常伴发于异嗜癖(营养缺乏症)以及食管的炎症、痉挛、麻痹、狭窄、扩张、憩室等疾病。

二、急性胃扩张

急性胃扩张又称大肚结,发病急,常因诊治不及时或继发症导致死亡。本病多发于马、骡,驴也发生。

按病因分为原发性胃扩张和继发性胃扩张。原发性胃扩张主要是由于采食过量难消化和容易膨胀的饲料,或采食易发酵的嫩干草、蔫青草、堆积发热变黄青草或发霉饲料,或偷食大量精料或饱食后喝大量冰水而发病;继发性胃扩张主要继发于小肠阻塞、小肠变位等疾病。当大肠阻塞或大肠臌气压迫小肠,使小肠闭塞不通时,也可引起发病。

三、肠阻塞

肠阻塞又称肠便秘、肠梗阻、便秘疝、结症等,是由肠管运动机能和分泌机能紊乱,粪便停滞,而使某段肠管发生完全或不完全阻塞的一种急性腹痛病。

临床上马属动物以结肠阻塞最常见,其次是盲肠阻塞,小结肠阻塞不常发生,小肠阻塞很少见。本病属于马属动物常发病。

本病多因饲养管理不当和气候变化所致,如长期单一饲喂麦秸,尤其是潮湿的红薯藤、花生秧最易发病;饮水不足也能诱发此病;喂饮不定时,过饥过饱,饲喂前后重役,突然变更草料,加之天气突变等因素,使机体一时不能适应,引起消化机能紊乱,也易引发本病。

四、肠臌气

肠臌气又称肠膨胀,临床上以病程短急、腹围急剧膨胀、剧烈而持续腹痛为特征。

本病多见于大家畜,如马、驴、骡,常发生于夏秋季节,主要是由于采食了大量易发酵的幼嫩青草、嫩苜蓿、豆类精料等,或采食冰冻、发霉腐败的草料引起。尤其饥饿后采食过急,咀嚼不充分,或由舍饲突然改为放牧,更易发生肠臌气。

【技术操作】

一、食道阻塞防治

治疗原则是解除阻塞，疏通食道，消除炎症，加强护理和预防并发症的发生。

肌内注射静松灵 1 mL，可使食管壁弛缓，从而达到治疗的效果。

若经 1～2 h 尚无理想效果时，可插入胃管先抽出梗塞部位上方的液体，然后灌入液体石蜡 200～300 mL，用胃管小心将异物向胃内推送。或在胃管上方连接打气筒，有节奏地打气，趁食管扩张时，将胃管缓缓推进，有时可将阻塞物送入胃内。

也可灌服液体石蜡或植物油 100～200 mL，然后经皮下注射 3%盐酸毛果芸香碱液 3 mL，经 3～4 h 见效。

若上述疗法无效，应尽快对颈部食管梗塞行手术疗法，切开食管，取出梗塞物。对食管梗塞病驴，要有专人护理。病程较长的，要注意人工饲养，并静脉注射葡萄糖生理盐水加 5%碳酸氢钠 300～500 mL 或行营养液灌肠等。为了补充水分，也可反复用 1%食盐水深部灌肠。

二、急性胃扩张防治

本病以导胃排空减压、镇痛缓解痉挛、强心补液、加强护理为治疗原则。

1. 导胃排空减压

先用胃管将胃内积滞的气体、液体排出，并用生理盐水反复洗胃。

2. 清理胃肠

用 6%硫酸钠(或 8%硫酸镁)水溶液，鱼石脂，75%酒精，一次内服；或用液体石蜡，苦味酊，一次内服。

3. 镇痛解痉

可内服水合氯醛、酒精、福尔马林、温水合剂；也可用氟尼辛葡甲胺每千克体重 1 mg，肌内或静脉注射。

4. 强心补液

可用 5%葡萄糖氯化钠注射液或复方氯化钠注射液，静脉注射；20%安钠咖，静脉注射。

三、肠阻塞防治

1. 疏通肠道

疏通肠道是治疗肠便秘的根本措施。疏通的方法主要有内服泻剂、深部灌肠和直肠按压等。

(1)内服泻剂　缓泻用8%硫酸镁或6%硫酸钠水溶液6～10 L,液状石蜡油或植物油500～1 000 mL,鱼石脂15～20 g,75%酒精50～100 mL,混匀后一次灌服。

(2)深部灌肠　用大量微温的0.9%氯化钠溶液,直肠灌入。用于大肠便秘,可起到软化粪便、兴奋肠管的作用,利于粪便排出。

(3)直肠按压　通过直肠按压的方法,将阻塞物弄碎,对小结肠、骨盆曲便秘有效。

2. 镇痛

可用氟尼辛葡甲胺每千克体重1 mg,肌内或静脉注射。

3. 减压

当继发胃扩张时,应及时导胃排出胃内容物。

4. 强心补液

补液可选用5%葡萄糖注射液、10%葡萄糖注射液、0.9%氯化钠注射液或复方氯化钠注射液,静脉注射,连用3～5 d。强心可选用安钠咖注射液。保护心脏可选用维生素C注射液和维生素B_1注射液等药物。

四、肠臌气防治

1. 理气消胀

水合氯醛15～25 g,樟脑粉4～6 g,酒精40～60 mL,乳酸10～20 mL,松节油10～20 mL,常水500～1 000 mL,混匀后一次灌服。

2. 镇痛解痉

可用氟尼辛葡甲胺每千克体重1 mg,肌内或静脉注射。

3. 健胃消导,清肠止酵

促进胃肠蠕动可选用毛果芸香碱20～50 mg或新斯的明10～20 mg,皮下注射；缓泻止酵可用8%硫酸镁或6%硫酸钠水溶液6～10 L，液状石蜡油或植物油500～1 000 mL，鱼石脂15～20 g，75%酒精50～100 mL，混匀后一次灌服。

4. 强心补液

补液可选用5%葡萄糖注射液、10%葡萄糖注射液、0.9%氯化钠注射液或复方氯化钠注射液，静脉注射，连用3～5 d。强心可选用安钠咖注射液。保护心脏可选用维生素C注射液和维生素B_1注射液等药物。

【生产经验】

一、食道阻塞

采食过程中突然发病，病驴退槽，停止采食，神情紧张，苦闷不安，头颈伸展，张口伸舌，呈现吞咽动作，呼吸急促，大量流涎，饲料与唾液从鼻孔逆出，咳嗽。约1 h后，强迫或痉挛性吞咽的频率减少，患驴变得安静。

颈部食道梗塞时，梗塞部位触诊可感觉到阻塞物；胸部食道梗塞时，在阻塞部位上方的食道内积有大量唾液，触诊能感到波动并引起哽噎运动。用胃管进行探诊，当触及阻塞物时，感到阻力，无法推进。

二、急性胃扩张

病初表现不安，明显腹痛，呼吸迫促，有时出现逆呕动作或犬坐姿势；腹围一般不增大，肠音减弱或消失；初期排少量软粪，以后排粪停止；胃破裂后，病驴忽然安静，头下垂，鼻孔开张，呼吸困难，全身冷汗如雨，脉搏细微，很快死亡。

三、肠阻塞

1. 结肠阻塞

结肠阻塞最常见，多发生于大结肠，其中骨盆弯曲部和右背侧结肠胃状膨大部最易发生阻塞。轻微到中度的腹痛症状，包括卷唇，做撒尿状，翻滚，频回望腹侧，心跳轻微加快排粪变少、变干且变硬，表面被覆黏液；精神沉郁，食欲减退或废绝；黏膜粉红，呼吸数和体温正常或略增；机体脱水；易继发肠臌气，严重者可致肠破裂；肠音弱或无；直肠检查发现直肠内粪便少或无。小结肠阻塞通常可在腹后部探查到小的结粪。左下结肠一般易在左背侧处阻塞，不易探查到，但易发生肠臌气。

2. 盲肠阻塞

不同程度的腹痛，排粪减少，精神沉郁，体温正常，一般无脱水症状；肠音弱，一般在腹部右侧易听到；直肠触诊能摸到硬结物。

3. 回肠阻塞

回肠阻塞较多见，空肠阻塞少见，一般常见于有严重寄生虫感染的青年驴和有腹部肿瘤的老年驴。绦虫能导致这种情况的发生，一般是由于绦虫引起肠套叠梗阻。临床上一般表现为严重腹痛，心动过速，体温正常或略高，排便减少，食欲减退，腹部扩张，脉搏不规则，强度减弱，结膜发绀，严重的虚脱死亡。直肠检查触及肠臌气和近端小肠的环状阻塞、盲肠底部硬的结粪及直肠内少量或没有粪便。

四、肠臌气

1. 原发性肠臌气

多在采食后 2～4 h 发病，初期呈现间歇性腹痛，但迅速转为剧烈的持续性腹痛；病畜时起时卧，滚转，腹围很快膨大，腹壁紧张，肷部展平或稍隆起；腹部叩诊呈鼓音；可视黏膜高度充血或发绀，呼吸高度困难，呈胸式呼吸；病初口腔湿润，肠音高朗亢进并带金属音，排粪频繁，每次排出少量稀软粪便，并有气体排出；随着病情发展，口腔变干燥，肠音减弱或消失，排粪、排尿停止。

2. 继发性肠臌气

先有原发病症状，通常经过 4～6 h 后才出现腹围增大、呼吸困难等肠臌气症状。若解除原发病，肠膨胀症状则迅速消失，若原发病不愈，即使穿肠放气，也会在短时间内复发。在急性肠臌气过程中，因肠管极度胀满，在滚转或突然摔倒时，可因腹内压急剧增高而引起肠破裂或膈破裂。

【拓展知识】

一、食道阻塞

根据病史和大量流涎、呈现吞咽动作等症状，结合食道外部触诊、胃管探诊等可以做出正确诊断。但需与食道狭窄、食道炎、食道痉挛、食道麻痹和食道憩室等疾病进行鉴别诊断。对于食管梗塞的预防,主要是饲喂要定时定量,勿使其过度饥饿,防止采食过急,合理调制饲料,如块根类饲料要适当切碎。

二、急性胃扩张

胃扩张并不常见。发生胃扩张的最常见病因是由于病驴有牙齿疾病或饲喂了品质低劣的饲料。原发性的胃扩张是由于胃内存有过多的食物(如谷物)、液体或气体的结果。继发性胃扩张最常见于肠梗阻病例。尽管大肠阻塞时也可以引起胃扩张,但胃扩张还是最常见于小肠梗阻的病例。由于驴不能呕吐,所以胃扩张容易导致胃破裂。如果对于胃扩张能够及时进行诊断,并对胃部反复减压,可以有效避免胃破裂的发生。

三、肠阻塞

根据病情灵活应用通(疏通肠道)、静(镇静止痛)、减(减低胃肠道的压力)、补(补液强心)、护(良好的护理)的综合治疗措施。实践证明,直肠入手、隔肠破结是行之有效的方法。

直肠入手法:将病驴保定后,术者剪去指甲并磨光,涂凡士林或软皂,术者将手徐徐伸入直肠触摸到粪结后以手按压、切压、挤压,或移于就近腹壁,外用拳头捶结。能直接摸到的粪便,可直接取出,以达疏通肠道的目的。

深部灌肠:有利于软化和排粪,以灌肠器将1%食盐溶液500～1 000 mL,通过直肠加压灌入。对顽固性便秘可切开腹壁直接按压破结,或切开肠管取结。

四、肠臌气

由于过食大量易发酵的饲料迅速产气,或排气过程不畅或完全受阻,导致气体聚集于某部分或大部分肠管内,引起肠管臌胀的腹痛性疾病。以腹部疼痛明显、肠管的自然位置改变、肚腹胀满为特征。腹围急剧增大,尤以右侧明显,肷部突出,腹痛随胀气的加重而加剧,听诊肠音初期增强,带有金属音,中后期减弱或消失,频频排尿、排粪,中后期停止。

参考文献

[1]王春洪.2021年驴业生产形势分析及展望[J]. 畜牧产业,2022(04):25-31.

[2]裘露寒,鹿傲飞,刘强德,等.2021年我国驴业发展概况、现实困境与突围之路[J]. 中国畜牧杂志,2022,58(10):323-327.

[3]王春洪.2020年度驴业生产形势分析与2021年展望[J]. 畜牧产业,2021(03):37-41.

[4]2019年我国驴产业发展报告与2020年展望[C]//. 第六届(2020)中国驴业发展大会暨首届张家口特色牧业(阳原驴)发展研讨会论文集.2020:2-13.

[5]李凤学,王茂森,路长青,等. 驴产业不同经营模式效益剖析与比较[C]//. 第七届(2021)中国驴业发展大会暨第二届德州驴种质资源保护与开发利用高峰论坛论文集. 2021:148-163.

[6]胡玉玲,曾申明. 人工授精技术在驴产业上的研究进展[C]//第七届(2021)中国驴业发展大会暨第二届德州驴种质资源保护与开发利用高峰论坛论文集.2021:280-282.

[7]尤娟,罗永康,张岩春. 我国养驴业及驴肉加工业的发展概况[J]. 肉类工业,2009(02):51-53.

[8]侯文通. 驴学[M]. 北京:中国农业出版社,2019.

[9]魏刚才,刘庆立,秦保亮. 高效养驴[M]. 北京:机械工业出版社,2019.

[10]陈静波. 现代养驴关键技术[M]. 北京:中国农业科学技术出版社,2019.

[11]刘焕奇. 马普通病学[M]. 北京:中国农业大学出版社,2017.

[12]王铁男. 不同饲养方式驴乳产量和营养成分分析[J]. 中国乳业,2022(03):19-23.

[13]玉山江,罗永明,陈童. 挤奶驴的营养需要及饲养管理研究进展[J]. 黑龙江动物繁殖,2022,30(01):54-58.

[14]吴宪,王佳,李伟,等. 育肥驴的饲养管理技术[J]. 现代畜牧科技,2020(02):13-15.

[15]于丽玲．肉驴饲养过程中常见疾病的防治[J]．中国畜禽种业，2020，16(06)：92-93.

[16]张士敏，张崇玉，张桂国．生长驴蛋白质和能量需要量的研究进展[C]//．第四届(2018)中国驴业发展大会暨第二届国际毛驴产业发展论坛论文集．2018：164-168.

[17]宋光晔，周东辉，陈立，等．驴的饲养与现代化养殖模式的思考[J]．饲料博览，2010(04)：41-43.

[18]李靖，孙忠超．马场兽药规范使用手册[M]．北京：中国农业出版社，2020.

[19]秦晓冰．马疫病学[M]．北京：中国农业大学出版社，2016.

[20]潘兆年．肉驴养殖实用技术[M]．北京：金盾出版社，2013.

[21]赵璐，李龙，周银萍，等．新疆某养驴场常见疾病的统计与分析[J]．新疆畜牧业，2022，37(01)：32-35.

[22]刘宪斌，王仁虎，姜桂苗，等．规模驴场主要传染性疫病的流行特点及风险分析[J]．黑龙江畜牧兽医，2018(04)：99-04.

[23]张伟，王长法，嵇传良，等．妊娠期母驴饲养管理及常见产科病防控技术研究[J]．饲料博览，2018(05)：26-29.

[24]刘宪斌．规模化驴场几种主要疾病的研究[D]．聊城：聊城大学，2017.

[25]卡丽比努尔·尔肯，海尼木古丽·艾合买提，图尔荪·萨迪尔，等．新疆喀什部分地区驴梨形虫病检测初报[J]．中国动物传染病学报，2015，23(03)：65-68.

[26]白金海，胡洁．驴的马胃蝇蛆病发病情况及其防治措施[J]．当代畜牧，2014(33)：15-16.